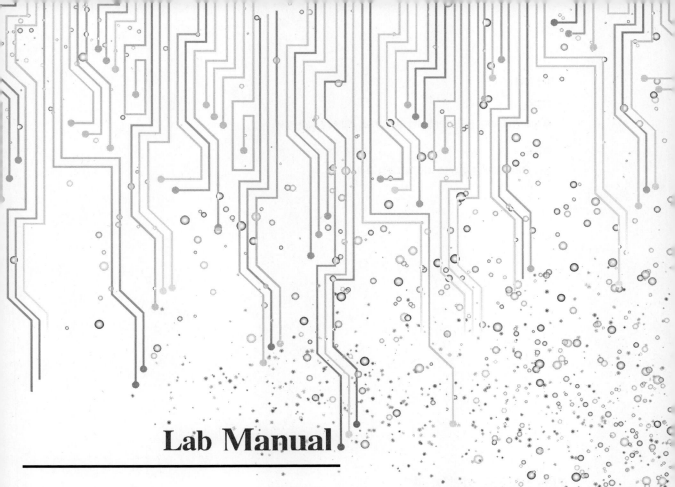

Lab Manual

제2판

기초
전자회로
실험

김경수 **최영길** 지음

한티미디어

| 저자 약력 |

• **김경수**

  홍익대 공학 박사, 한국 폴리텍대학 구미캠퍼스 스마트 전자과 강사

• **최영길**

  한국 폴리텍대학 달성캠퍼스 하이테크과정 교수

기초 전자회로 실험 제2판

발행일 2020년 1월 31일
지은이 김경수 · 최영길

펴낸이 김준호
펴낸곳 한티미디어 | 서울시 마포구 동교로 23길 67 3층
등 록 제15-571호 2006년 5월 15일
전 화 02)332-7993~4 | **팩스** 02)332-7995
ISBN 978-89-6421-387-2 (93560)
가 격 17,000원

마케팅 노호근 박재인 최상욱 김원국 | **관리** 김지영 문지희
편 집 김은수 유채원 | **표지** 유채원 | **본문** 이경은
인 쇄 한프리프레스

이 책에 대한 의견이나 잘못된 내용에 대한 수정 정보는 한티미디어 홈페이지나 이메일로 알려주십시오.
독자님의 의견을 충분히 반영하도록 늘 노력하겠습니다.

홈페이지 www.hanteemedia.co.kr | **이메일** hantee@hanteemedia.co.kr

기초 전자회로 실험은 전자정보통신공학을 전공하는 학생들에게 있어서 매우 중요한 필수 과목이다. 다이오드, 트랜지스터, 연산 증폭기, 발진기, 필터 등의 기본 이론을 제대로 이해하려면 반드시 실험을 거쳐야 한다. 따라서 본 교재는 전자회로의 이론적인 내용들을 실험할 수 있도록 충실하게 구성되었다.

본 교재의 구성은 다이오드, 트랜지스터, 연산 증폭기, 필터 및 발진회로 실험으로 구분되어 전체 4부로 구성되었다. I부에서는 다이오드 특성, 정류 회로, 클리퍼, 클램퍼 및 제너 다이오드 실험을, II부에서는 바이어스, 공통 에미터 증폭기, 공통 컬렉터 증폭기 및 공통 베이스 증폭기 실험을, III부에서는 차동증폭기, 반전 및 비반전 증폭기, 미분기와 적분기, 멀티바이브레이터, 구형파 → 삼각파 변환기와 영전위 검출기를 이용한 삼각파 및 톱니파 발생기 실험을, IV부에서는 저역 통과 필터, 고역 통과 필터, 대역 통과 필터, 윈 브리지 발진기 및 위상 천이 발진기 실험을 하게 된다.

본 교재의 특징은 먼저, pspice 시뮬레이션 기반이라는 점이다. 모든 장의 실험은 먼저 pspice 시뮬레이션을 수행함으로써 사전에 미리 실험 결과를 예측하고 실제 실험을 수행하도록 하였다. 따라서 학생들로 하여금 중요한 시간들을 낭비하는 일을 사전에 방지할 뿐 아니라 효과적인 실험 결과를 얻을 수 있도록 하였다. 둘째, 텍트로닉스 등 홈페이지의 공개 매뉴얼을 참조하면 더욱 효율적이라 생각하여 오실로스코프 및 신호 발생기 등 실험 및 측정 장비에 대한 설명은 생략하였다. 셋째, 부록을 대폭 축소하여 반드시 필요한 부품에 대한 데이터 시트만 일부 추가하였고, 기타 필요한 부품들에 대한 데이터 시트는 인터넷으로 다운로드가 가능하기 때문에 불필요한 데이터 시트 역시 생략하였다. 따라서 본 교재는 비본질적인 부분은 과감하게 생략하고 꼭 필요한 실험 내용 및 방법과 절차에 최대한 충실하도록 구성되었다는 점을 강조하고 싶다.

아울러 본 교재가 학생들로 하여금 제한된 실험시간 내에 실험내용과 방법 및 절차를 준수하여 최대한 효과적으로 실험을 수행할 수 있는 매체가 되어 전자회로를 이해하는 데 많은 도움이 되기를 바란다.

마지막으로 본 교재를 읽어보시는 많은 분들의 아낌없는 관심과 조언을 부탁드리며 이 교재가 이번에 2판이 출판될 수 있도록 배려해주신 한티미디어 김준호 사장님과 박재인 부장님 및 편집부 김은수 팀장님과 편집을 위해 수고하신 여러분들께 깊은 감사를 드린다.

2020년 1월

저자 김경수

CONTENTS

PART 2   BJT transistor(트랜지스터) 실험

PART 3 차동증폭기 및 연산 증폭기 실험

PART 4   필터 및 발진 회로 실험

Part 1

diode(다이오드) 실험

실험 0 : 실험 전 갖추어야 할 사전 지식

1 실험실 안전 준수 사항

① 지각을 하는 일이 없도록 철저한 대비를 할 것

- 당일 실험 내용에 대한 담당교수의 지시 사항을 곧바로 전달받지 못함으로 인하여 실험 도중 우왕좌왕 방향을 제대로 잡지 못하고 어려움을 겪을 수가 있다.
- 팀웍을 흐트리게 만드는 1차적인 요인이 될 수가 있다.

② 팀원 상호 간에는 낮은 소리로 실험에 반드시 필요한 내용을 위주로 대화를 나눈다.

- 통상적으로 실험실 내부에서 여러 팀별로 나누어 실험을 진행하기 때문에 다른 조에 조금이라도 방해가 되지 않도록 하여야 한다.

③ 실험이 종료된 후에는 사용한 부품들을 팀별 박스에 보관하는 것과 연결 케이블 등의 정리와 실험 테이블을 정리 정돈한 후 직류 전원 장치, 함수 발생기, 오실로스코프 등 측정장비들의 전원을 반드시 OFF 시키고 퇴실한다.

- 팀별로 정리하는 것이 일괄적으로 정리하는 것보다 쉽고 간편하다.

④ 실험 시작 전에는 실험내용에 대한 예비지식을 충분히 갖추고 실험에 임한다.

- 사전 지식이 결여되어 있으면 쉬운 것도 제대로 할 수가 없다.

⑤ 실험시 담당 교수의 지시를 반드시 따른다.

- 담당교수의 지시를 따르지 않고 임의대로 실험을 수행 시 안전사고 또는 장비의 파손 등과 같은 위험이 따르게 될 수 있다.

⑥ 실험 노트를 준비하여 실험 도중 중요한 발견한 중요 결과 및 문제점들을 기록한다.

- 실험 노트는 실험결과 정리 및 보고서 작성에 있어서 풍부한 자료를 제공하게 된다.

⑦ 실험 도중 실험장비 등의 문제점들이 발견될 경우 담당 교수 혹은 조교에게 즉각적으로 보고한다.

- 다음 실험 시에 동일한 문제가 다시 반복 발생하지 않도록 사전에 차단하게 된다.

2 보고서 작성법

(1) 예비보고서 작성 및 제출

실험 시작 전에는 당일 실험과제에 대한 자료들을 조사하고 분석한다.

- 예비보고서에는 실험 제목과 실험의 주요 내용 및 실험 절차와 방법을 상세하게 작성하여야 한다.
- 첫 페이지는 실험 표지로 할애하며, 실험 과목명, 실험 제목, 제출일자, 조원 이름과 학번을 표시한다.

(2) 결과 보고서 작성 및 제출

결과 보고서는 다음 사항들을 포함하여야 한다.

① 표지

실험 과목명, 실험 제목, 제출일자, 조원 이름과 학번 등을 표시한다.

② 실험 제목(Theme)

실제로 실험 내용에 대한 세부적 실험 제목을 구체적으로 적는다.

③ 실험과 관련된 내용(Contents)

예비보고서의 실험 내용을 요약한다.

④ 실험결과(Results)

시각적인 효과를 높일 수 있도록 표, 차트 및 그래프 등을 사용하여 작성한다.

⑤ 고찰(Discussions)

실험결과에 대한 분석 즉 이론값(계산값)과 측정값을 비교·분석하고 오차가 허용오차범위를 많이 벗어날 경우, 원인을 분석하고 개선 방법 등을 기록한다.

실험 1 : 다이오드(diode) 특성 실험

1   실험 목적

① 다이오드의 순방향 및 역방향 바이어스 동작 특성을 이해한다.

② 접합 전위차(다이오드 장벽 전압) V_f를 측정한다.

③ 순방향 특성으로부터 순방향 교류 저항 $r_d = \dfrac{dV}{dI}$을 구한다.

④ 다이오드의 전류-전압 관계 곡선을 그린다.

2   기본 이론

2.1 다이오드의 동작원리

p형 반도체와 n형 반도체를 접합시키면 p형 반도체의 다수 캐리어 정공과 n형 반도체의 다수 캐리어 전자의 일부는 접합면을 넘어 서로 반대 영역으로 확산된다. 이때 접합면을 중심으로 그 주변에서는 전자와 정공은 일부 재결합되어 소멸되고, 도너 이온(doner ion) 및 억셉터 이온(acceptor ion)만 남게 된다. 이를 공핍층(delpetion layer)이라고 부른다. 공핍층에서는 이온에 의한 전기장(electric field)이 발생되어 더 이상의 확산을 방해한다. 이를 열평형 상태(thermal equilibrium state)라고 한다. 열평형 상태에서 PN 다이오드의 전류는 0이다.

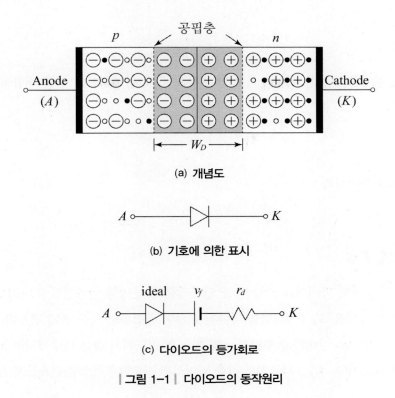

(a) 개념도

(b) 기호에 의한 표시

(c) 다이오드의 등가회로

| 그림 1-1 | 다이오드의 동작원리

PN 접합 시 공핍층에서 전기장의 경사에 해당하는 장벽전압

$$V_f = -\frac{dE_f}{dx} \qquad (1\text{-}1)$$

이 발생하는데 이 장벽전압은 실리콘은 0.7V, 게르마늄은 0.3V 정도이다.

$$V_f = \frac{kT}{q}ln\left(\frac{N_A N_D}{n_i^2}\right) \qquad (1\text{-}2)$$

k:$1.38 \times 10^{-23}[J/K]$볼츠만 상수, q는 $1.6 \times 10^{-19}[C]$전자의 전기량, $\frac{kT}{q}$는 상온에서 26[mV] 정도인 열전압을 말한다. N_A, N_D는 각각 억셉터 이온밀도와 도너 이온밀도를 말한다. n_i는 열 평형상태에서의 진성 캐리어 농도를 나타낸다. 다이오드 순방향 교류저항r_d는 순방향 바이어스 인가 시 전류의 증가대비 전압의 증가 비를 나타낸다.

$$r_d = \frac{dV}{dI} \tag{1-3}$$

다이오드 전압은 순방향 저항과 순방향 전류의 곱에 장벽전압을 더한 전압을 말한다. 즉,

$$V_D = V_f + r_d i_d \tag{1-4}$$

내부 저항을 무시하면

$$V_D = V_f \tag{1-5}$$

2.2 순방향 특성

다이오드에 순방향 바이어스 전압 V_F을 인가시킬 때 순방향 인가전압이 다이오드 접합면에서 전압 장벽을 $V_F - V_f$ 만큼 낮아지게 하여 공핍층의 폭을 좁게 만든다. 이때 다이오드는 동작(ON) 상태라고 부르고, p형 및 n형 반도체의 많은 다수캐리어 전자와 정공이 서로 확산된다. $V_F > V_f$ 인 순간을 넘어서면 지수함수적으로 전류가 증가한다.

$$I = I_s\left(e^{qv_D/kT} - 1\right) \tag{1-6}$$

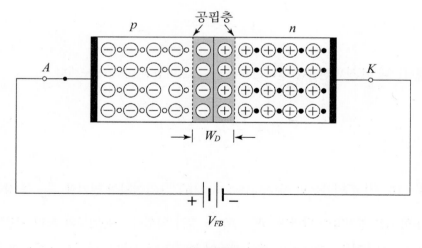

(a) 개념도

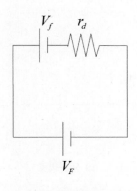

(b) 등가회로

| 그림 1-2 | 순방향 특성

2.3 역방향 특성

다이오드에 역방향 바이어스 전압을 인가시킬 때 역방향 인가전압은 다이오드 접합면에서 전압 장벽을 $V_R + V_f$ 만큼 더 높게 하여 공핍층의 폭을 더 넓게 만든다. 이때 다이오드는 차단(OFF) 상태라고 부르고, 전류는 거의 흐르지 않는데 역방향 바이어스를 인가시 미세한 누설 전류 즉, 역포화 전류가 흐른다.

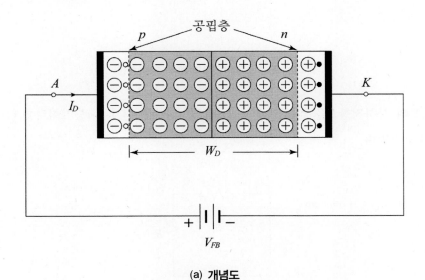

(a) 개념도

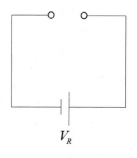

(b) 등가회로

| 그림 1-3 | 역방향 특성

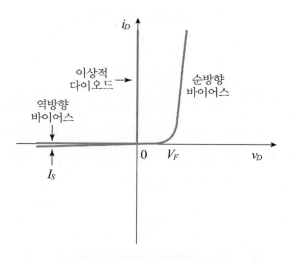

| 그림 1-4 | 다이오드의 동작 특성(종합)

다이오드와 부하저항 R을 직렬 접속하고 순방향 전압을 인가 시 등가회로를 나타내면 [그림 1-5]와 같다.

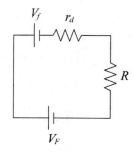

| 그림 1-5 | 다이오드와 부하저항 R의 직렬 접속

순방향전류는 등가회로로로부터

$$I_d = \frac{V_F - V_f}{R + r_d} \qquad (1\text{-}7)$$

가 되고 기울기는

$$SLOPE = \frac{1}{R + r_d} \qquad (1\text{-}8)$$

이다. 저항 R의 값에 따라서 기울기는 변동한다. $R = 100\Omega$과 $R = 1k\Omega$일 경우의 다이오드 전류값은 각각 다음과 같다: $r_d = 10\Omega, V_F = 5\ V,\ V_f = 0.6\ V$로 가정하였다.

(a) $R = 100\Omega$: $I_d = \dfrac{5 - 0.6}{100 + 10} = 40\ mA$, $V_D = 0.6 + 10 \times 40 \times 10^{-3} = 1\ V$

(b) $R = 1k\Omega$: $I_d = \dfrac{5 - 0.6}{1000 + 10} \simeq 4.36\ mA$, $V_D = 0.6 + 10 \times 4.36 \times 10^{-3} = 0.6436\ V$

다음 그림들은 $R = 100\Omega$과 $R = 1k\Omega$인 경우의 입력 전압을 -5볼트에서 5볼트까지 0.1 볼트 간격으로 증가시켰을 때 다이오드 전류 및 전압에 대한 시뮬레이션 결과를 나타내고 있다.

| 그림 1-6 | 시뮬레이션 결과 : 다이오드 입출력 전압 특성곡선

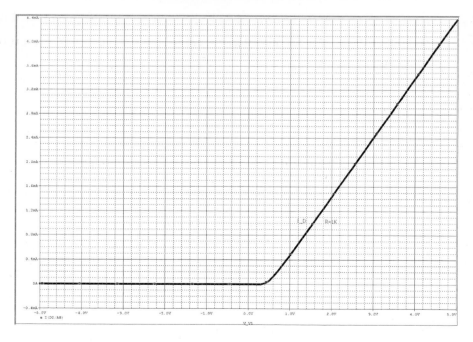

(a) $R = 1k\Omega$

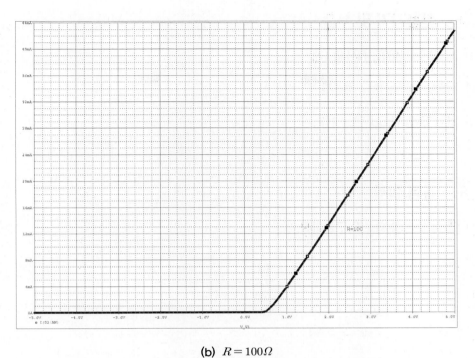

(b) $R = 100\Omega$

║ **그림 1-7** ║ 시뮬레이션 결과 : 다이오드 입력 전압 대비 출력전류 특성곡선

시뮬레이션 결과로부터 입력 전압이 0.5볼트까지는 다이오드가 OFF 상태이고 입력 전압이 0.5볼트 이상 증가 시 다이오드가 ON 상태가 되어 조금씩 출력 전압이 상승하기 시작해 0.7볼트 정도에서 더 이상 증가하지 않게 된다.

3　실험기기 및 부품

(1) diode : 1N4001, 1N4148 1개

(2) 저항 : 100Ω, 1kΩ 각 1개

(3) DC POWER SUPPLY 1대

4　실험 절차

(1) [그림 1-8]의 회로를 구성하라.

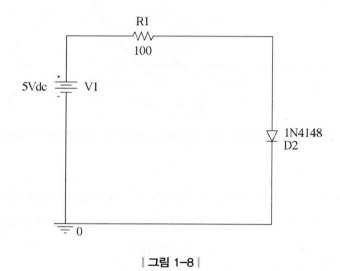

| 그림 1-8 |

(2) 가변전압 V_s을 0에서 5V까지 증가시킬 때 다이오드의 양단 전압 V_d과 순방향 전류

$i_d = \dfrac{v_R}{R}$ 를 각각 측정하고 〈표 1-1〉에 기록하라.

| 표 1-1 | 다이오드 순방향 특성

V_s [V]	V_d [V]	i_d [mA]
0.1		
0.2		
0.3		
0.4		
0.5		
0.6		
0.7		
0.8		
0.9		
1		
3		
5		

(3) 〈표 1-1〉로부터 다이오드 순방향 교류 저항 $r_d = \dfrac{dV}{dI}$ 을 계산하라.

(4) 〈표 1-1〉로부터 입력전압 V_s 에 대한 V_d 와 i_d 특성곡선을 [그림 1-9]과 [그림 1-10]에 각각 그려라.

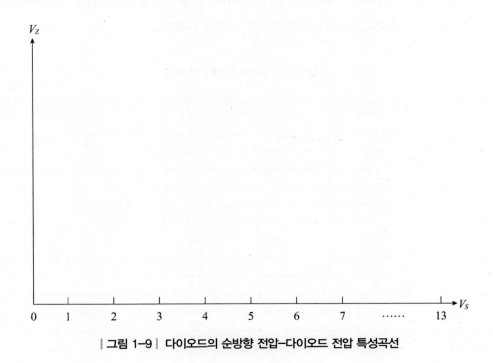

| 그림 1-9 | 다이오드의 순방향 전압-다이오드 전압 특성곡선

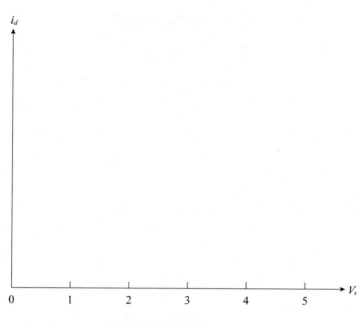

| 그림 1-10 | 다이오드의 순방향 전압-다이오드 전류 특성곡선

(5) 접합 전위차(다이오드 장벽 전압) V_f 를 측정하라.

(6) −5볼트에서 0볼트까지 0.1볼트 간격으로 역바이어스를 걸었을 때 다이오드의 양단 전압 V_d과 순방향 전류 i_d를 각각 측정하고 〈표 1-2〉에 기록하라.

| 표 1-2 | 다이오드 역방향 특성

V_s [V]	V_d [V]	i_d [mA]
−0.1		
−0.3		
−0.5		
−0.7		
−0.9		
−1.1		
−1.5		
−2		
−2.5		
−3		
−3.5		
−4		
−5		

(7) 〈표 1-2〉로부터 입력전압 V_s에 대한 V_d와 i_d 특성곡선을 [그림 1-11]과 [그림 1-12]에 각각 그려라.

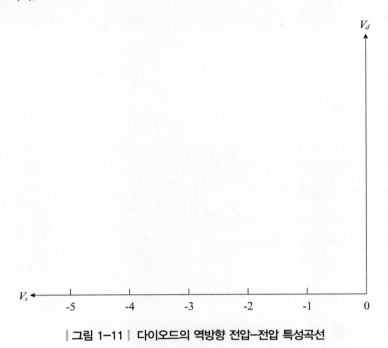

| 그림 1-11 | 다이오드의 역방향 전압-전압 특성곡선

| 그림 1-12 | 다이오드의 역방향 전압-전류 특성곡선

1 실험 목적

① 반파정류 회로의 입출력 특성을 살펴본다.

② 평활 회로의 동작을 살펴본다.

③ 충방전 회로의 리플(ripple) 전압을 관찰한다.

④ 다이오드 장벽 전압 V_f의 값을 측정한다.

2 기본 이론

2.1 반파정류 회로

가정용 교류 주파수인 60Hz 교류정현파신호가 입력될 때, 저항양단의 전압을 구해보자. 양의 반 주기 동안에는 다이오드가 순방향 접속이 되어 ON 상태가 된다. 따라서 저항양단의 전압은 입력신호와 동일한 파형을 얻게 된다. 다이오드장벽 전압 $V_f = 0.7\,V$로 인해 출력 전압의 최댓값은 입력의 최댓값보다 $V_f = 0.6\,V$ 정도 낮게 측정된다. 음의 반주기 동안에는 다이오드가 역바이어스가 걸려 OFF 상태가 되므로 출력은 0이 된다.

$$v_o(t) = v_i(t) - V_f\,[\,V\,] \qquad\qquad (2\text{-}1)$$

PSPICE 반파정류 시뮬레이션 파형을 관찰해 보면 다이오드 장벽 전압값은 대략 $V_f = 0.6\,V$임을 알 수 있다. 그러나 실제적인 다이오드 방정식은

$$V_D = r_d i_f + V_f \qquad\qquad (2\text{-}2)$$

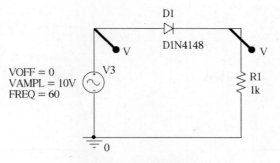

VOFF = 0
VAMPL = 10V
FREQ = 60

V3

D1
D1N4148

V

R1
1k

0

| 그림 2-1 | 반파정류 회로

가 되므로 완만한 곡선을 나타낸다. 양의 사이클 동안에는 다이오드가 ON이 되므로 $V_D = r_d i_f + V_f$ 로 거의 일정값을 유지하게 된다. 만약 다이오드 교류 저항값을 $r_d = 0$ 으로 가정한다면 일정값 $v_D = V_f = 0.6\,V$을 유지하게 된다. 음의 사이클 동안에는 다이오드가 역바이어스가 걸려 OFF가 되므로 다이오드의 전압은 입력 전압과 동일하게 된다.

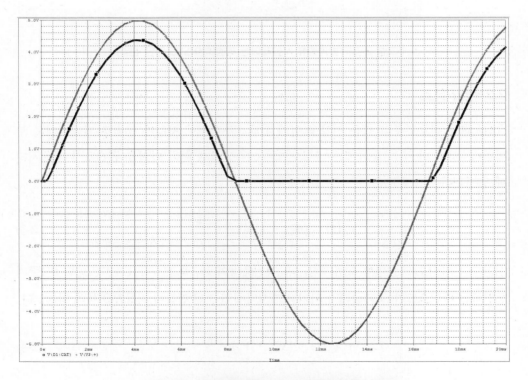

| 그림 2-2 | 반파정류 시뮬레이션 파형(저항양단 전압)

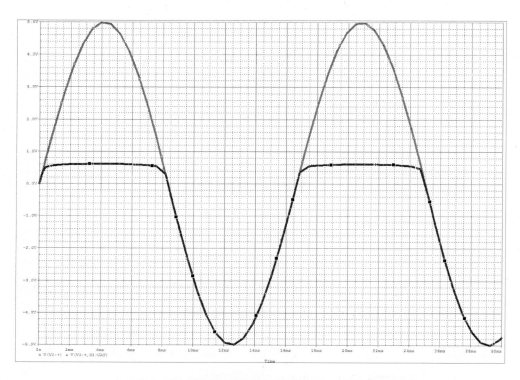

| 그림 2-3 | 반파정류 시뮬레이션 파형(다이오드 양단 전압)

2.2 평활 회로

60Hz 교류 신호로부터 직류 전압을 얻기 위해 1차적으로 저항과 병렬로 커패시터를 부착한다. 양의 반 주기 동안에는 다이오드가 ON 상태가 되어 입력 교류신호가 커패시터에 충전된다.

$$v_o(t) = (V_m - V_f)\left(1 - e^{-\frac{t}{\tau_1}}\right) \tag{2-3}$$

시상수는 다이오드 순방향 교류저항r_d과 정전용량의 곱, 즉 $\tau_1 = r_d C$이다. 음의 반 주기 동안에는 다이오드가 OFF 상태가 되어 커패시터에 충전된 전압이 저항R을 통해 방전된다.

$$v_o(t) = (V_m - V_f)e^{-\frac{t}{\tau_2}} \tag{2-4}$$

이때 방전 시상수τ_2는 $\tau_2 = RC$이다. 따라서 저항값을 $1k\Omega$으로 고정하고 커패시터 값을 $10\,\mu F$, $100\,\mu F$, $1000\,\mu F$로 바꾸었을 때 방전 속도가 달라짐을 알 수가 있다. [그림

2-4]는 커패시터 값이 $10\,\mu F$ 및 $100\,\mu F$일 때의 충방전 그림이다.

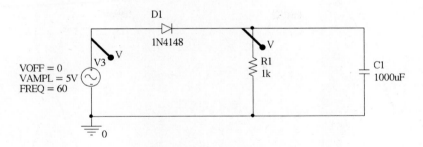

| 그림 2-4 | 평활 회로

$10\,\mu F$인 경우에는 리플(방전 시 출력 전압의 최댓값과 최솟값의 차)이 매우 크고, $100\,\mu F$일 경우에는 많이 줄어들었다. 다음 그림은 커패시터 값을 $1000\,\mu F$로 할 경우의 출력 파형을 3주기에 걸쳐 나타냈다. 리플이 조금 보이지만 거의 일정한 직류 전압을 얻게 되었다.

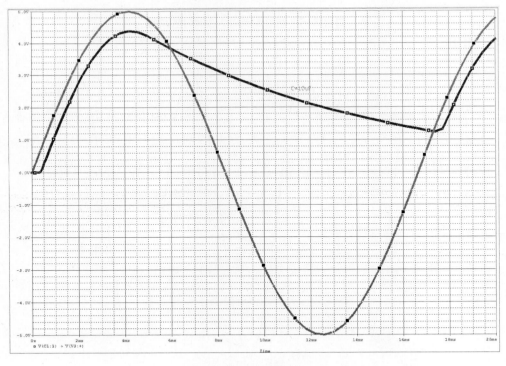

(a) $10\,\mu F$

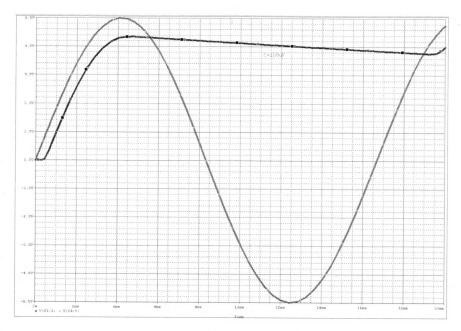

(b) $100\,\mu F$

| 그림 2-5 | 평활 회로의 시뮬레이션 파형

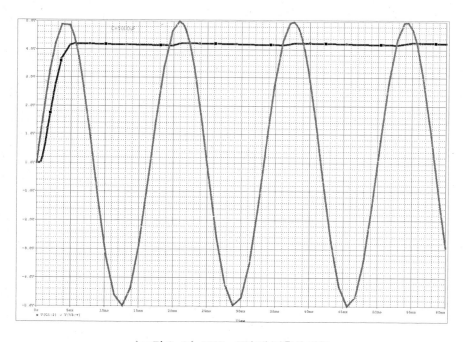

| 그림 2-6 | $1000\,\mu F$일 때 입출력 파형

PART 1 diode(다이오드) 실험

3   실험 기기 및 부품

(1) 다이오드 : 1N4148 1개

(2) 저항 : 1k 1개

(3) 커패시터 : $10\,\mu F$, $100\,\mu F$, $470\,\mu F$, $1000\,\mu F$ 각 1개

(4) 디지털 멀티미터(DMM) 1대

(5) 디지털 오실로스코프 1대

4   실험 절차

(1) [그림 2-1] 반파정류 회로를 구성하라.

(2) 첨두치 $10\,V_{pp}$, 60 Hz 정현파교류 신호를 입력에 인가하고, 저항에서의 출력 전압과 다이오드의 전압을 오실로스코프로 측정하고 [그림 2-7]과 [그림 2-8]에 각각 그려라. 입출력 파형을 비교하고, 다이오드 장벽 전압 V_f의 값을 측정하라.

(3) [그림 2-3] 평활 회로를 구성하라.

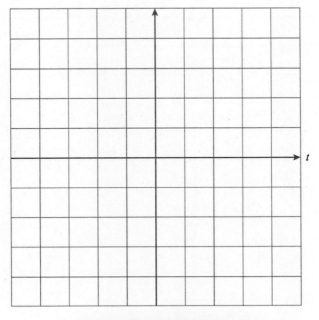

| 그림 2-7 | 입출력 파형(저항양단 전압)

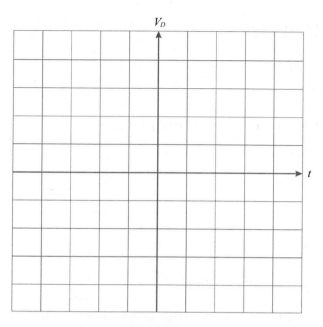

| 그림 2-8 | 입출력 파형(다이오드 양단 전압)

(4) 커패시터 값을 $10\,\mu F$, $100\,\mu F$, $470\,\mu F$, $1000\,\mu F$으로 각각 변경하였을 때 입출력 전압을 오실로스코프로 측정하고 [그림 2-9]에 그려라. 각각의 리플 전압을 측정하라.

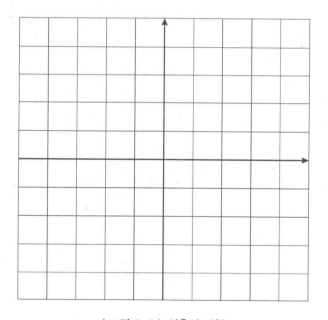

| 그림 2-9 | 입출력 파형

| 표 2-1 | 리플 전압 비교

커패시터 값	출력 전압의 리플 전압[V]
$10\,\mu F$	
$100\,\mu F$	
$470\,\mu F$	
$1000\,\mu F$	

1 실험 목적

① 전파정류 회로의 입출력 특성을 살펴본다.

② 필터 회로의 동작을 살펴본다.

③ 충방전 회로의 리플(ripple) 전압을 관찰한다.

2 기본 이론

2.1 전파정류 회로

가정용 교류 주파수인 60Hz 교류정현파신호가 입력될 때, 저항양단의 전압을 구해보자. 양의 반 주기 동안에는 다이오드 D1, D3가 순방향접속이 되어 ON 상태가 되고, D2, D4가 역방향접속이 되어 OFF 상태가 된다. 반대로 음의 반 주기 동안에는 다이오드 D1, D3가 역방향접속이 되어 OFF 상태가 되고 D2, D4가 순방향접속이 되어 ON 상태가 된다. 그러나 저항양단의 전압은 양, 음의 주기와 상관없이 전류의 방향이 동일하다. 따라서 저항양단에는 입력신호와 동일한 파형을 얻게 된다. 다이오드장벽 전압 $V_f = 0.7\,V$로 인해 출력 전압의 최댓값은 입력의 최댓값보다 $2\,V_f = 1.2\,V$ 정도 낮게 측정된다.

$$v_o(t) = v_i(t) - 2\,V_f\,[V] \tag{3-1}$$

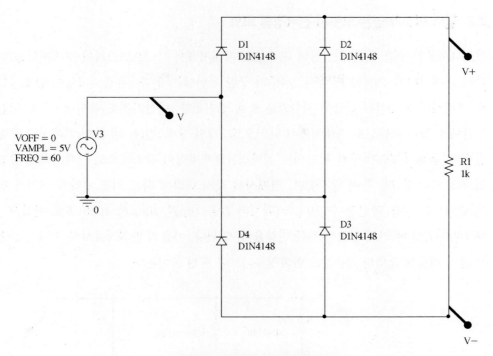

| 그림 3-1 | 브릿지 전파정류 회로

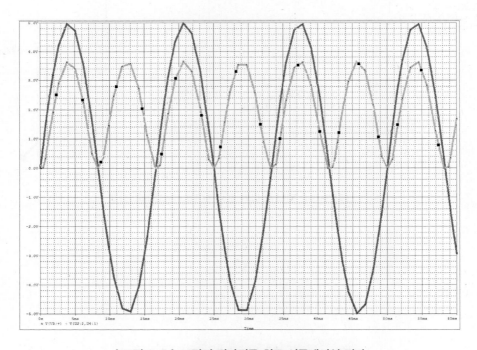

| 그림 3-2 | 브릿지 전파정류 회로 시뮬레이션 결과

2.2 필터 회로가 있는 브릿지 전파정류 회로

양의 1/4주기 구간 동안에는 입력 교류신호 최대치에서 다이오드 2개의 장벽전압을 뺀 값이 커패시터에 충전된다. 양의 2/4주기 구간 동안에는 전파정류출력파형이 감소하므로 커패시터에 충전된 전압이 저항 R을 통해 방전된다. 마찬가지로 음의 3/4주기 구간 동안에는 입력 교류신호 최대치에서 다이오드 2개의 장벽전압을 뺀 값이 커패시터에 충전된다. 음의 4/4주기 구간 동안에는 전파정류출력파형이 감소하므로 커패시터에 충전된 전압이 저항 R을 통해 방전된다. 커패시터 값의 변화에 따른 리플 전압의 크기가 점차 줄어드는 것을 확인할 수 있다. 커패시터 값을 $10\mu F$, $100\mu F$, $1000\mu F$로 변화시킬 때 $1000\mu F$일 때 거의 일정한 직류 전압을 얻게 된다. 아울러 반파정류보다 주기가 반으로 줄기 때문에 출력의 리플값도 반파정류기보다 훨씬 줄어든다.

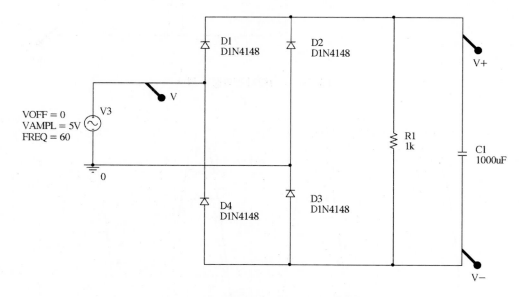

│ 그림 3-3 │ 필터 회로가 있는 브릿지 전파정류 회로

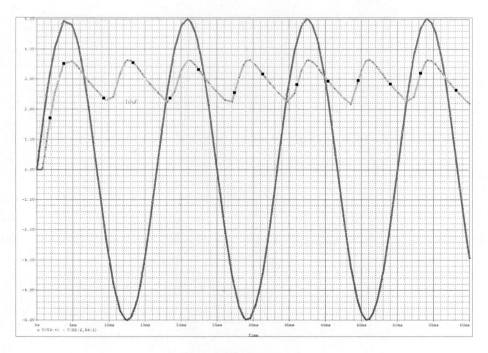

(a) $10\mu F$

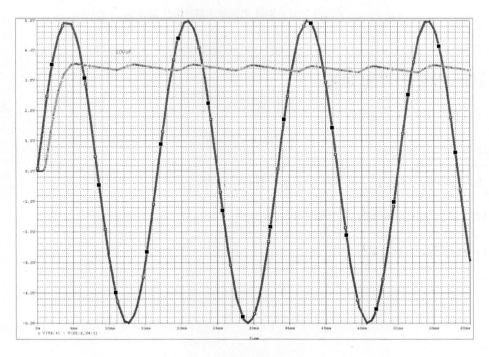

(b) $100\mu F$

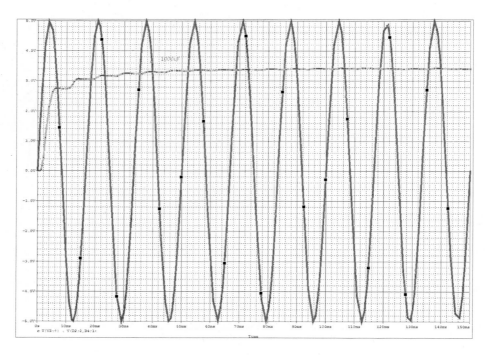

(c) $1000\mu F$

| 그림 3-4 | 필터 회로의 시뮬레이션 결과

3 실험 기기 및 부품

(1) 다이오드 : 1N4148 4개

(2) 저항 : 1kΩ 1개

(3) 커패시터 : $10\,\mu F$, $100\,\mu F$, $470\,\mu F$, $1000\,\mu F$ 각 1개

(4) 디지털 멀티미터(DMM) 1대

(5) 디지털 오실로스코프 1대

4 실험 절차

(1) [그림 3-1] 전파정류 회로를 구성하라.

(2) 첨두치 $10\,V_{pp}$, 60Hz 정현파교류신호를 입력에 인가하고 저항에서의 출력 전압을 오실로스코프로 측정하고 [그림 3-5]에 그려라. 입출력 파형을 ch1, ch2에서 동시에 비교하라.

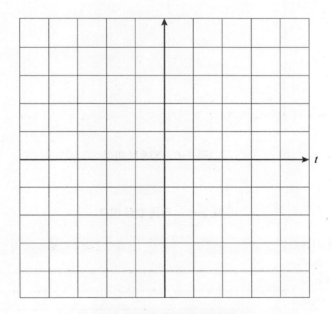

│ 그림 3-5 │ 입출력 파형(저항양단 전압)

(3) 그림 3(필터 회로)을 구성하라.

(4) 커패시터 값을 $10\,\mu F$, $100\,\mu F$, $470\,\mu F$, $1000\,\mu F$으로 각각 변경했을 때 입출력 전압을 오실로스코프로 측정하고 [그림 3-6]에 그려라. 각각의 리플 전압을 측정하라.

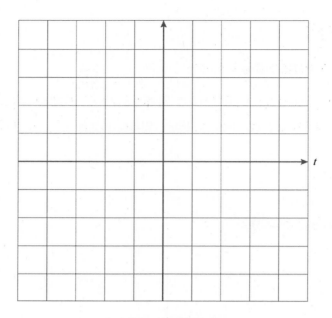

| 그림 3-6 | 입출력 파형

| 표 3-1 | 리플 전압 비교

커패시터 값	출력 전압의 리플 전압[V]
$10\,\mu F$	
$100\,\mu F$	
$470\,\mu F$	
$1000\,\mu F$	

실험 4 : clipper 회로

1 실험 목적

① 양의 clipper 회로의 동작을 살펴본다.

② 음의 clipper 회로의 동작을 살펴본다.

③ slicer 회로의 입출력 동작특성을 살펴본다.

2 기본 이론

클리핑 회로는 FM 수신기 등에서 입력 전압이 규정치 이상의 전압이 들어오는 것을 사전에 차단하기 위한 역할을 하며 리미터(limiter)라고도 부른다.

2.1 양의 clipper

입력신호 v_i 를 증가시킬 때 $v_i < 2 + V_f$ 인 경우에는 다이오드가 차단되어 출력은 입력신호를 그대로 따라간다. 그러나 $v_i \geq 2 + V_f$ 조건을 만족하도록 입력신호를 증가시키면 다이오드가 동작하며 출력 전압은 $v_o = 2 + V_f$ 로 제한값을 갖는다. 양의 clipper 동작을 간단히 정리하면 다음과 같다.

i) $v_i \geq 2 + V_f$, 다이오드 ON $v_o = 2 + V_f$

ii) $v_i < 2 + V_f$, 다이오드 OFF $v_o = v_i$

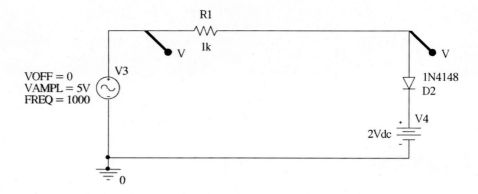

| 그림 4-1 | 양의 clipper

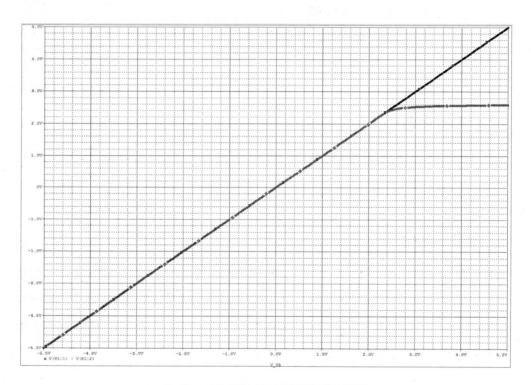

| 그림 4-2 | 양의 clipper(입력 대비 출력)

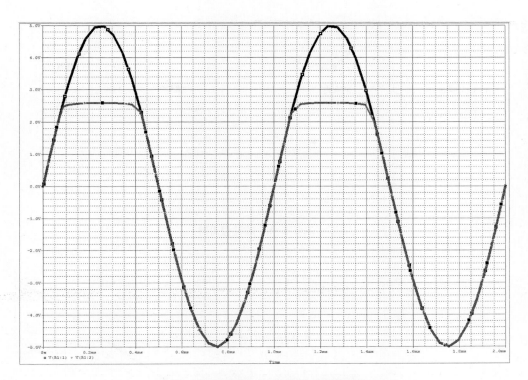

| 그림 4-3 | 양의 clipper(입력과 출력의 파형)

2.2 음의 clipper

입력신호 v_i 를 감소시킬 때 $v_i \geq -(3+V_f)$ 인 경우에는 다이오드가 차단되어 출력은 입력신호를 그대로 따라간다. 즉, $v_o = v_i$. 그러나 $v_i < -(3+V_f)$ 조건을 만족하도록 입력신호를 감소시키면 다이오드가 동작하며 출력 전압은 $v_o = -(3+V_f)$ 로 제한값을 갖는다. 음의 clipper 동작을 간단히 정리하면 다음과 같다.

i) $v_i \geq -(3+V_f)$, 다이오드 OFF $\quad v_o = v_i$

ii) $v_i < -(3+V_f)$, 다이오드 ON $\quad v_o = -(3+V_f)$

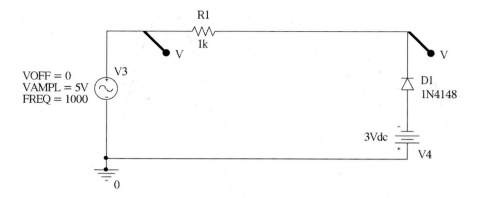

VOFF = 0
VAMPL = 5V
FREQ = 1000

R1
1k

V3

V

V

D1
1N4148

3Vdc

V4

0

| 그림 4-4 | 음의 클리퍼

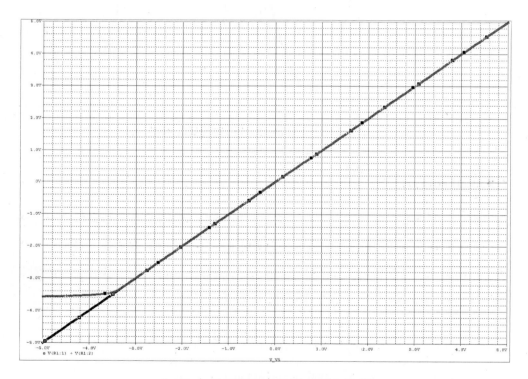

| 그림 4-5 | 음의 clipper(입력 대비 출력)

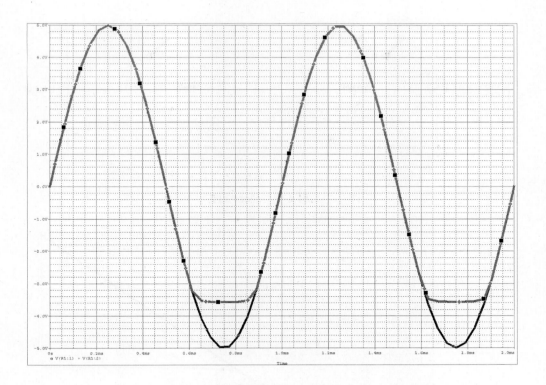

| 그림 4-6 | 음의 clipper(입력과 출력의 파형)

2.3 slicer 회로

슬라이서 회로는 양과 음의 클리퍼의 조합으로 동작원리는 다음과 같다.

i) $v_i \geq 2 + V_f$, 다이오드1 ON, 다이오드1 OFF $v_o = 2 + V_f$

ii) $-(3 + V_f) \leq v_i \leq 2 + V_f$, 다이오드1 OFF, 다이오드1 OFF $v_o = v_i$

iii) $v_i < -(3 + V_f)$, 다이오드1 OFF, 다이오드2 ON $v_o = -(3 + V_f)$

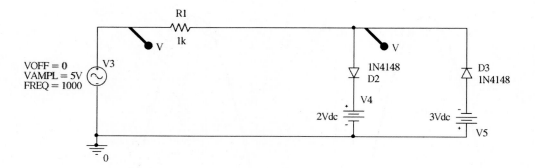

| 그림 4-7 | slicer 회로

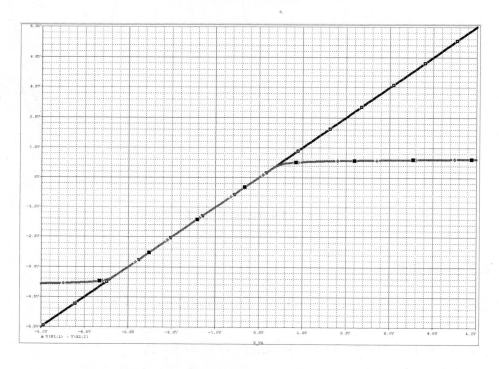

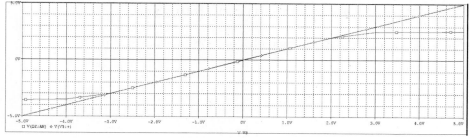

| 그림 4-8 | slicer의 동작(입력 대비 출력)

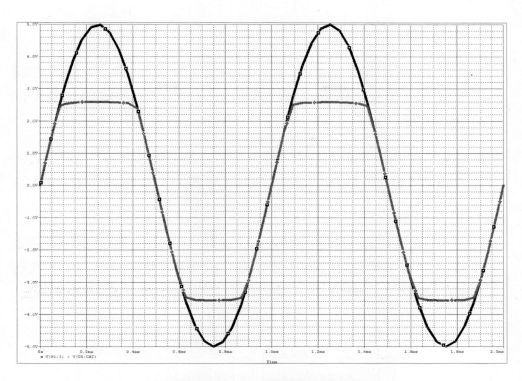

| 그림 4-9 | slicer의 동작(입력과 출력 파형)

3 실험 기기 및 부품

(1) 다이오드 : 1N4148 2개

(2) 저항 : 1kΩ 1개

(3) 직류 전압 공급기 1대

(4) 교류 Function generator 1대

(5) 디지털 오실로스코프 1대

4 실험 절차

(1) [그림 4-1] 양의 클리퍼를 구성하라. 첨두치 $10\,V_{pp}$, 1000 Hz 정현파교류신호를 입력에 인가하고, 입력 및 출력 전압을 오실로스코프 ch1, ch2에서 각각 측정하고 [그림 4-10]에 파형을 그려라.

(2) [그림 4-4] 음의 클리퍼를 구성하라. 첨두치 $10\,V_{pp}$, 1000 Hz 정현파교류신호를 입력에 인가하고 입력 및 출력 전압을 오실로스코프 ch1, ch2에서 각각 측정하고 [그림 4-11]에 파형을 그려라.

(3) [그림 4-7] 슬라이서를 구성하라. 첨두치 $10\,V_{pp}$, 1000 Hz 정현파교류신호를 입력에 인가하고, 입력 및 출력 전압을 오실로스코프 ch1, ch2에서 각각 측정하고 [그림 4-12]에 파형을 그려라.

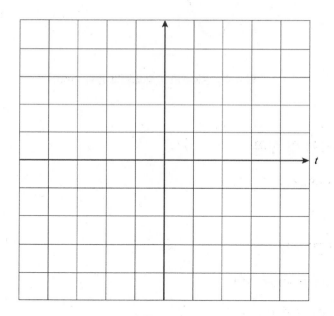

| 그림 4-10 |

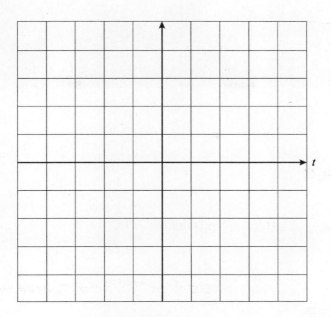

| 그림 4-11 |

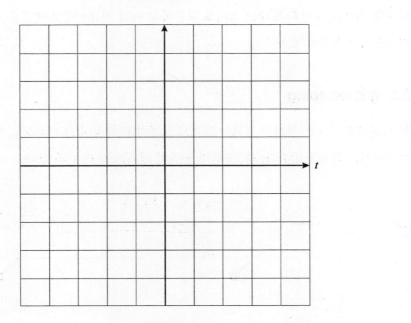

| 그림 4-12 |

1 실험 목적

① 클램퍼(clamper) 회로의 동작을 이해한다.

2 기본 이론

클램핑 회로는 파형의 형태는 그대로 보존하고 특정 직류전압 레벨만큼 위 또는 아래로 이동시키는 회로를 말한다.

2.1 양의 clamping

양의 클램핑 회로는 파형의 형태는 그대로 보존하고 특정 직류전압 V_{DC} 만큼 위로 상향 이동시키는 회로를 말한다. 즉, 클램핑 동작의 결과는 식 (5-1)과 같다.

$$v_0 = v_s + V_{DC} \tag{5-1}$$

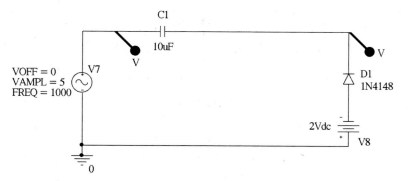

| 그림 5-1 | 양의 clamper

[그림 5-1]은 양의 clamper를 나타낸다. 양의 클램핑 회로는 파형의 형태는 그대로 보존하고 특정 직류전압 레벨만큼 위로 상향 이동시키는 회로를 말한다. 다이오드 ON 시 콘덴서는 $v_c = v_i + (V_f + V_{DC})$에 의해 충전된다. 따라서 콘덴서는 최대 $V_{cmax} = -5 + -5 + (0.6 + 2) = -2.4\,[V]$까지 충전된다. 출력 전압은 평균적으로 $v_o = -(v_{DC} + V_f) = -2.6\,V$가 된다. 입력신호가 음의 1/4 주기를 지나면서 다이오드가 차단되는데 다이오드 OFF 시 콘덴서의 충전 전압은 그대로 현재 값 $V_{cmax} = -2.4\,[V]$을 계속 유지한다. 반면 출력 전압은 $v_o = v_i - V_c = 5\sin \omega t + 2.4$가 된다. [그림 5-1]과 [그림 5-2]는 양의 클램퍼와 시뮬레이션 결과를 나타낸다. 양의 클램핑 회로는 파형의 형태는 그대로 보존하고 특정 직류전압 레벨 $v_{DC} + V_f = 2.6\,V$만큼 위로 상향 이동되었다.

$$v_o = v_i - 2.6\,[V] \tag{5-2}$$

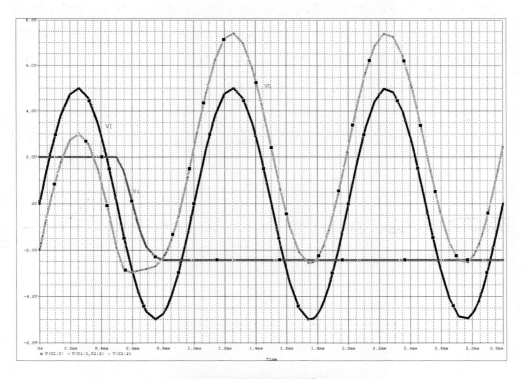

| 그림 5-2 | 양의 클램핑 시뮬레이션 결과

양의 클램핑 회로는 파형의 형태는 그대로 보존하고 특정 직류전압 레벨 $v_{DC} + V_f$ = 2.6 V 만큼 위로 상향 이동되었다.

$$v_o = v_i + 2.6 \text{ [V]} \tag{5-3}$$

2.2 음의 clamping

[그림 5-3]은 음의 clamper를 나타낸다. 음의 클램핑 회로는 파형의 형태는 그대로 보존하고 특정 직류전압 레벨만큼 아래로 하향 이동시키는 회로를 말한다. 다이오드 ON 시 콘덴서는 $v_c = v_i - (V_f + V_{DC})$에 의해 충전된다. 따라서 콘덴서는 최대 $V_{cmax} = 5 - (0.6 + 2)$ = 2.4 [V]까지 충전된다. 출력 전압은 평균적으로 $v_o = v_{DC} + V_f = 2.6 \, V$ 가 된다. 입력신호가 양의 1/4 주기를 지나면서 다이오드가 차단되는데 다이오드 OFF 시 콘덴서의 충전 전압은 그대로 현재 값 $V_{cmax} = 2.4 \, [V]$를 유지한다. 반면 출력 전압은 $v_o = v_i - V_c = 5\sin \omega t - 2.4$가 된다. [그림 5-3]과 [그림 5-4]는 음의 클램퍼와 시뮬레이션 결과를 나타낸다. 음의 클램핑 회로는 파형의 형태는 그대로 보존하고 특정 직류전압 레벨 $v_{DC} + V_f = 2.6 \, V$만큼 아래로 하향 이동되었다.

$$v_o = v_i - 2.6 \text{ [V]} \tag{5-4}$$

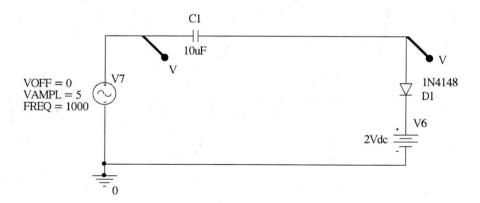

| 그림 5-3 | 음의 clamper

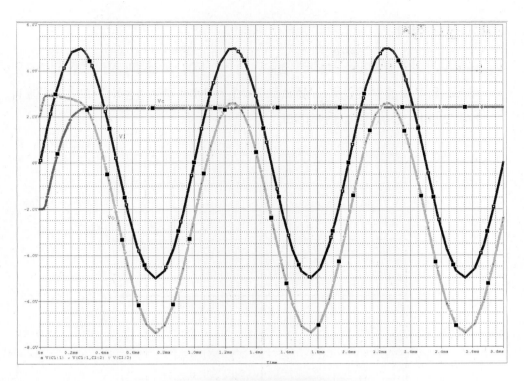

| 그림 5-4 | 음의 클램핑 시뮬레이션 결과

3 실험 기기 및 부품

(1) 다이오드 : 1N4148 1개

(2) 콘덴서 $10\mu F$ 1개

(3) 직류 전압 공급기 1대

(4) 교류 Function generator 1대

(5) 디지털 오실로스코프 1대

4 실험 절차

(1) [그림 5-1] 양의 클램퍼를 구성하라. 첨두치 $10\ V_{pp}$, 1000 Hz 정현파교류신호를 입력에 인가하고, 입력 및 출력 전압을 오실로스코프 ch1, ch2에서 각각 측정하고 [그림 5-5]에 파형을 그려라. DC mode에서 관찰하라.

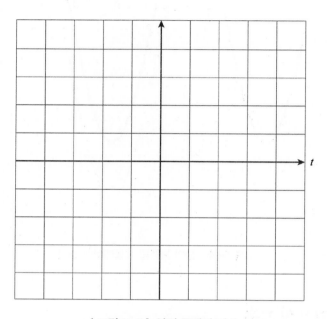

| 그림 5-5 | 양의 클램퍼 결과

⑵ [그림 5-3] 음의 클램퍼를 구성하라. 첨두치 $10\,V_{pp}$, 1000 Hz 정현파교류신호를 입력에 인가하고, 입력 및 출력 전압을 오실로스코프 ch1, ch2에서 각각 측정하고 [그림 5-6]에 파형을 그려라. DC mode에서 관찰하라.

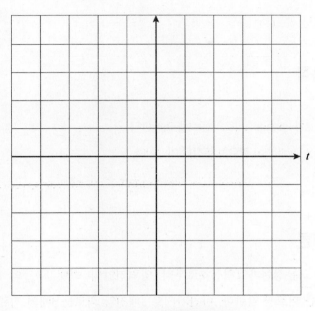

∥ 그림 5-6 ∥ 음의 클램퍼 결과

실험 6 : 배전압(double voltage) 회로

1 실험 목적

① 배전압(double voltage) 회로의 동작을 이해한다.
② 3배전압(triple voltage) 회로의 동작을 이해한다.

2 기본 이론

배전압 회로는 교류정현파입력신호로부터 입력전압의 최댓값 V_m 의 2배의 직류전압 $2V_m$ 을 얻기 위한 회로를 말한다. 마찬가지로 3배전압 회로는 3배의 직류전압 $3V_m$ 를 얻기 위한 회로를 말한다. 이것을 확장시키면 4배의 직류전압 $4V_m$ 도 얻을 수 있는 것이다.

2.1 배전압(double voltage) 회로

[그림 6-1]은 배전압 회로를 나타내고 있다. 동작원리를 간단히 설명하면 다음과 같다. 양의 반 주기 동안에는 C1에 전압이 최대 5볼트까지 충전되고 그 값을 계속 유지하게 된다. 음의 반 주기 동안에는 C2에 전압이 −10볼트까지 충전된다. 다이오드 장벽 전압으로 인해 실제적으로 각각의 커패시터에 충전되는 전압은 C1에는 $V_m - V_f = 4.4\,V$, C2에는 $2V_m - 2V_f = 8.8\,V$ 정도가 충전된다. 각 콘덴서에 충전되는 전압은 커패시터의 정전용량에 따라 조금 차이가 발생할 수 있다. [그림 6-2]는 시뮬레이션 결과를 나타낸다.

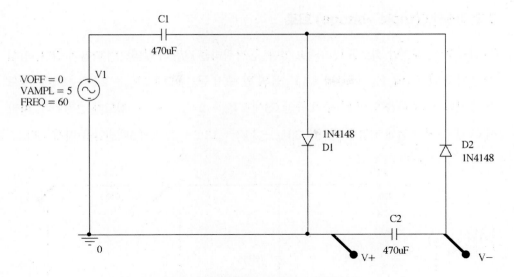

┃ 그림 6-1 ┃ 배전압(double voltage) 회로

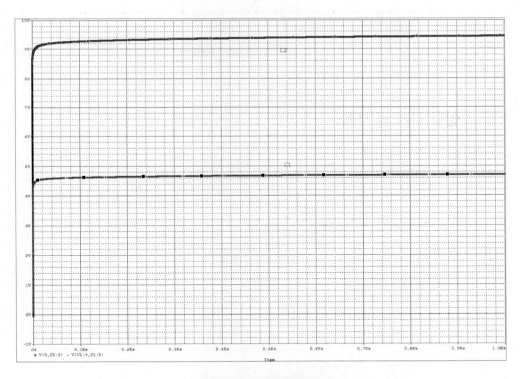

┃ 그림 6-2 ┃ 시뮬레이션 결과

2.2 3배전압(triple voltage) 회로

[그림 6-3]은 3배전압 회로를 나타내고 있다. 동작원리를 간단히 설명하면 다음과 같다. 양의 반 주기 동안 C1에 $V_m - V_f = 4.4\,V$, 음의 반 주기 동안 C2에 $2\,V_m - 2\,V_f = 8.8\,V$ 정도가 충전되고, 그 다음 양의 반 주기 동안 C3에 $2\,V_m - 2\,V_f = 8.8\,V$ 정도가 충전된다. 따라서 C1과 C3에 충전된 전압을 더하면 $3\,V_m - 3\,V_f = 13.2\,V$로 거의 3배전압을 얻게 된다.

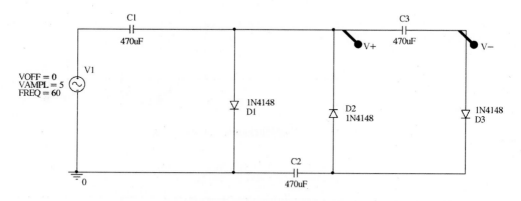

| 그림 6-3 | 3배전압(double voltage) 회로

3 실험 기기 및 부품

(1) 다이오드 : 1N4148 4개

(2) 콘덴서 : $470\mu F$ 3개

(3) 교류 Function generator 1대

(4) 디지털 오실로스코프 1대

4   실험 절차

(1) [그림 6-1] 배전압 회로를 구성하라. 첨두치 $10\,V_{pp}$, 60 Hz 정현파교류신호를 입력에 인가하고, C1 및 C2에 오실로스코프 ch1, ch2를 연결하고 각각의 콘덴서의 직류 전압을 측정하고 [그림 6-4]에 파형을 그려라. 측정 시 오실로스코프 상에서 DC mode로 선택하라.

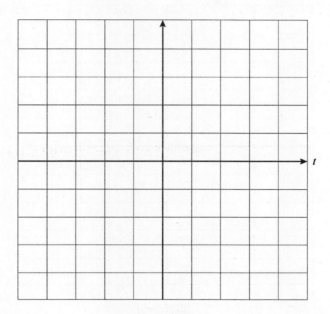

| 그림 6-4 |

⑵ [그림 6-3] 3배전압 회로를 구성하라. 첨두치 $10\,V_{pp}$, 60 Hz 정현파교류신호를 입력에 인가하고, C1, C2 및 C3에 오실로스코프 ch1, ch2를 연결하고 각각의 콘덴서의 직류 전압을 측정하고 [그림 6-5]에 파형을 그려라. 측정 시 오실로스코프 상에서 DC mode로 선택하라.

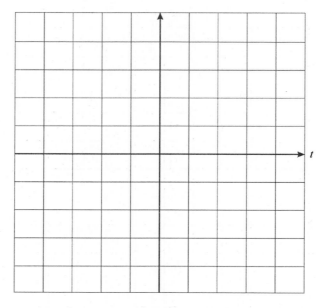

[그림 6-5]

1 실험 목적

① 제너 다이오드 동작을 이해한다.
② 제너 다이오드의 역방향 항복 전압을 측정한다.

2 기본 이론

제너 다이오드의 순방향 특성은 일반 다이오드와 동일하다. 그러나 제너 다이오드에 역
방향 전압을 점점 크게 증가시키면 어느 순간 항복(break down)이 일어나며 역방향으
로 큰 전류가 흐르게 된다. 항복에 의한 전류를 어느 범위 한도로 제한하여 다이오드가
파손되지 않도록 제작해 정전압 특성을 이용하는 다이오드를 제너 다이오드라고 한다.
규격표에는 시험전류치와 최대전류치 및 zener 전압이 명시되어 있다. 1N746A-1N759A
의 정격 전압은 3.3V-12V의 범위를 가진다. 예를 들면 1N750은 최대전류가 75mA, 시험
전류 20mA, 제너 전압 4.7V이고, 1N753은 최대전류가 60mA, 시험 전류 20mA, 제너 전
압 6.2V이다. 등가회로로부터 제너 전압은

$$V_Z = V_{Z0} + r_z I_z \tag{7-1}$$

로 나타낼 수 있다. r_z는 제너 교류 저항이다. 즉,

$$r_z = \frac{\triangle V_Z}{\triangle I_Z} \tag{7-2}$$

인 관계를 갖는다.

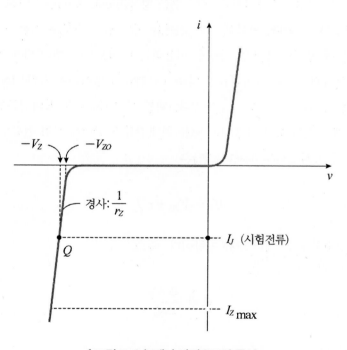

| 그림 7-1 | 제너 다이오드의 기호

| 그림 7-2 | 제너 다이오드의 등가회로

| 그림 7-3 | 제너 다이오드의 특성

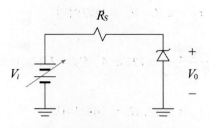

| 그림 7-4 | 제너 다이오드의 회로(753)

입력 전압 V_i을 0볼트에서 10볼트까지 가변하면 V_i 가 zener diode의 전압 6.3볼트보다 작을 때 다이오드는 차단(개방)된 것과 같아서 출력 전압 V_0은 입력 전압 V_i와 거의 같고, V_i 가 일정한 전압(대략 7볼트)보다 커질 때 제너 다이오드는 정전압원으로 동작하며 V_0는 일정한 값 6.3볼트를 유지한다.

$V_Z = V_{Z0} + r_z I_z$로부터

$$V_i = I_Z R + V_Z = I_Z R + V_{Z0} + r_z I_Z$$

$$I_Z = \frac{V_i - V_{Z0}}{R + r_z}$$

r_z의 값을 구하기 위해서는 인접한 제너전류 및 제너 전압을 구하고 경사(gradient)를 구하면 값을 알 수가 있다. 즉,

$$V_{Z1} = V_{Z0} + r_z I_{z1}$$
$$V_{Z2} = V_{Z0} + r_z I_{z2}$$

$$r_z = \frac{V_{Z1} - V_{Z2}}{I_{Z1} - I_{Z2}}$$

$V_i = 10\,V,\ V_{Z0} = 6.2\,V,\ r_Z = 20\,\Omega,\ R_s = 100\,\Omega$이면

$$I = \frac{10 - 6.2}{100 + 20} = 31.67\,mA\,,\ P_Z = I_Z V_{Z0} = 196.35\,mW$$

$V_i = 10\,V$, $V_{Z0} = 6.2\,V$, $r_Z = 20\Omega$, $R_s = 1k\Omega$이면

$$I = \frac{10 - 6.2}{1000 + 20} = 3.725\,mA\,,\ P_Z = I_Z V_{Z0} = 23.1\,mW$$

$V_i = 10\,V$, $V_{Z0} = 6.2\,V$, $r_Z = 20\Omega$, $R_s = 10k\Omega$이면

$$I = \frac{10 - 6.2}{10000 + 20} = 0.379\,mA\,,\ P_Z = I_Z V_{Z0} = 2.35\,mW$$

따라서 정격허용 전력이 만약 30mW이면, 위의 3가지 경우 첫 번째 경우는 사용이 불가능하다. 또한 $V_{Z0} = 6.2\,V$, $r_Z = 20\Omega$, $R_s = 1k\Omega$일 때 $I_Z = 3.725\,mA$ 이었다면 10mA로 증가할 경우에는 $r_z = \dfrac{\triangle V_Z}{\triangle I_Z}$ 로부터 $20 = \dfrac{V_{Z2} - 6.2}{(10 - 3.725) \times 10^{-3}}$, V_{Z2}는 $V_{Z2} = 6.3255\,V$로 증가한다.

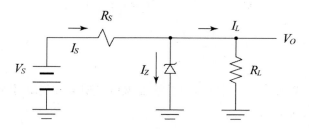

| 그림 7-5 | 제너 다이오드의 회로

[그림 7-5]는 부하를 연결한 회로이다. $R_S = 1.47k\Omega$, $R_L = 10k\Omega$ $V_{Z0} = 6.2\,V$, $r_z = 18\Omega$, $I_{ZK} = 0.5mA$라고 가정할 때, 레귤레이션 가능한 입력 전압의 최솟값을 구해보자.

$$I_z = I_S - I_L\,,\ V_Z = V_{Z0} + r_z I_z = 6.2 + 0.5mA \times 18 = 6.209\,V$$

$$I_L = \frac{V_L}{R_L} = \frac{6.209}{10k} = 0.6209mA \quad I_{Smin} = I_{ZK} + I_L = 1.1209mA$$

$$\therefore V_{Smin} = V_Z + (1.47)(1.1209) = 7.8567\,V$$

즉, 입력 전압 V_S가 $V_{Smin} = 7.8567\,V$보다 작을 때 다이오드는 차단(개방)된 것과 같아서 출력 전압 V_0은 입력 전압 V_S와 거의 같고, V_S가 V_{Smin} 보다 커질 때 V_0는 제너 다이오드 전압을 유지한다.

$$V_S < V_{Smin} \rightarrow V_o = V_S \qquad \text{(개방상태)}$$
$$V_S \geqq V_{Smin} \rightarrow V_o = V_Z = V_{Z0} + I_Z r_z \qquad \text{(제너 다이오드 동작)}$$

한편 입력 전압이 10볼트일 경우에 V_Z와 I_Z 값을 각각 구해보자.

$$\frac{V_Z - 10}{1.47k} + \frac{V_Z}{10k} + \frac{V_Z - 6.2}{18} = 0$$

로부터

$$V_Z = 6.235\,V$$

정도가 된다. I_Z 값은 $V_Z = V_{Z0} + r_z I_z = 6.2 + I_Z \times 18 = 6.235\,V$로부터 $I_Z = 1.94\,mA$ 이다. 입력 전압이 20볼트일 경우에는

$$\frac{V_Z - 20}{1.47k} + \frac{V_Z}{10k} + \frac{V_Z - 6.2}{18} = 0$$

로부터

$$V_Z = 6.356\,V$$

정도가 된다. I_Z 값은 $V_Z = V_{Z0} + r_z I_z = 6.2 + I_Z \times 18 = 6.356\,V$로부터 $I_Z = 8.67\,mA$ 이다. [그림 7-6]은 제너 다이오드 1N750(정격 전압 4.7V)에 직류전압을 인가했을 때 동작을 비교한 것이다. (a)의 경우 인가 전압이 4V이므로 제너항복 전압을 넘지 못하여 역방향 개방 상태로 머물러 있다. 즉 $I_Z = 122\,\mu A$이므로 거의 전류가 제너 다이오드에 흐르지 않고 부하 $1k\Omega$으로 전류가 거의 다 흐르게 된다. (b)의 경우 인가 전압이 6V이므로 제너항복 전압을 넘기 때문에 제너 다이오드 동작 영역에 도달한다. 즉 $I_Z = 8.786\,mA$이므로 상당한 전류가 제너 다이오드에 흐르게 된다. (c)의 경우 인가 전압이 10V이므로 $I_Z = 47.78\,mA$가 되어 보다 더 큰 전류가 제너 다이오드에 흐르게 된다.

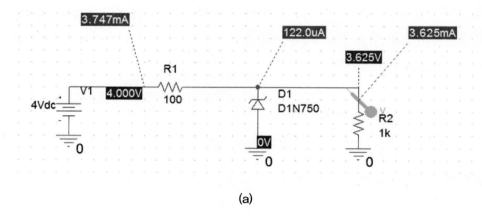

(a)

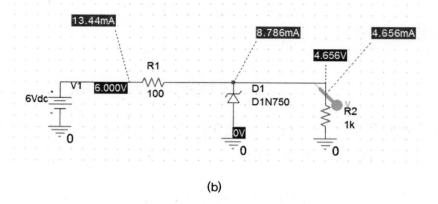

(b)

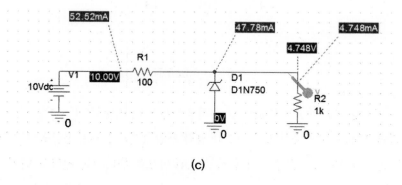

(c)

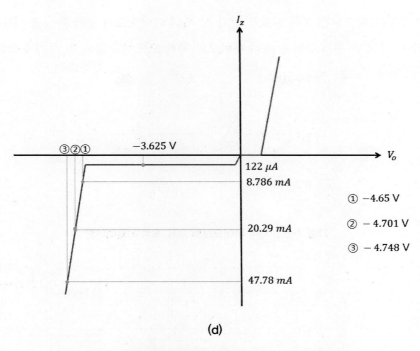

-3.625 V

$122\ \mu A$

$8.786\ mA$

$20.29\ mA$

$47.78\ mA$

① -4.65 V

② -4.701 V

③ -4.748 V

(d)

| 그림 7-6 | 제너 다이오드 1N750(정격 4.7 V)의 특성

[그림 7-7]은 교류 신호를 인가 시 제너 다이오드의 동작 특성을 나타낸 것이다.

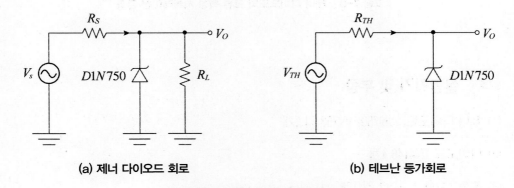

(a) 제너 다이오드 회로   (b) 테브난 등가회로

| 그림 7-7 | 제너 다이오드의 교류 특성

$$V_{TH} = \frac{R_L}{R_S + R_L} V_i \qquad R_{TH} = \frac{R_S R_L}{R_S + R_L}$$

$$V_{TH} \geq V_Z = 4.7\,[V] \qquad v_o = V_Z$$

$$V_{TH} < V_Z \qquad v_o \cong V_{TH}$$

[그림 7-8]과 [그림 7-9]는 교류 신호를 인가 시 제너 다이오드의 동작 특성을 시뮬레이션 한 것이다. 양의 반 주기 동안은 제너 다이오드 동작 모드이고 음의 반 주기 동안은 일반 다이오드 동작 모드가 된다.

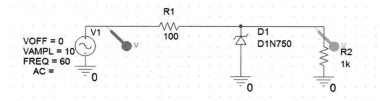

| 그림 7-8 | 제너 다이오드의 교류 특성 시뮬레이션

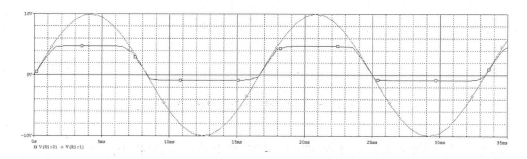

| 그림 7-9 | 제너 다이오드의 교류 특성 시뮬레이션 결과

3 실험기기 및 부품

(1) 제너 다이오드 : 1N750, 1N753 각 1개

(2) 다이오드 1N4148 4개

(3) 저항 : 100Ω, $1k\Omega$ 각 1개

(4) 디지털 멀티미터(DMM) 1대

(5) DC POWER SUPPLY 1대

(6) 교류 신호 발생기 1대

(7) 오실로스코우프 1대

4 실험 절차

(1) [그림 7-10]의 회로를 구성하라. 입력 전압 V_S을 0에서 15V까지 증가시켜라. V_Z 및 I_Z을 각각 측정하여 〈표 7-1〉과 〈표 7-2〉에 기록하라. 그래프로 그려보라. 〈표 7-1〉과 〈표 7-2〉의 측정데이터와 $r_z = \dfrac{\triangle V_Z}{\triangle I_Z}$ 식으로부터 제너 동저항 r_Z 을 계산하라. $R_s = 1k\Omega$ 을 사용한다.

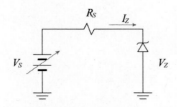

| 그림 7-10 | 제너 다이오드

| 표 7-1 | 제너 다이오드 특성곡선(1N750)

V_S	1	2	3	4	5	6	7	8	9	10	11	12	13
V_Z													
I_Z													

| 표 7-2 | 제너 다이오드 특성곡선(1N753)

V_S	1	2	3	4	5	6	7	8	9	10	11	12	13
V_Z													
I_Z													

⑵ 입력 전압 대비 출력 전압의 관계곡선을 [그림 7-11]에 나타내어라.

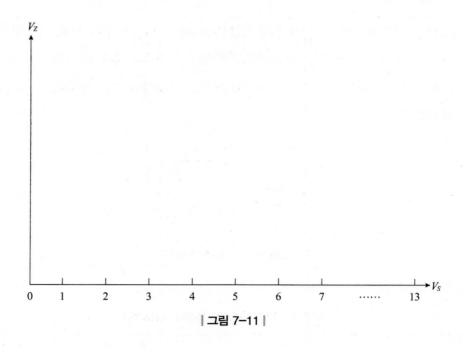

| 그림 7-11 |

⑶ [그림 7-12]의 회로를 구성하라. $R_S = 100\Omega$, $R_L = 1k\Omega$일 때 입력 전압 V_S를 0V에서부터 10V까지 가변시켰을 때 출력 전압 V_o 및 제너 다이오드에 흐르는 전류 I_Z를 각각 측정하라.

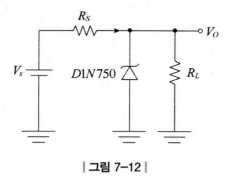

| 그림 7-12 |

⑷ [그림 7-13]의 회로를 구성하라. 입력 전압 V_S는 진폭 10V, 주파수 1kHz 정현파를 인가하라. $R_S = 100\Omega$, $R_L = 1k\Omega$일 때 입출력 파형을 오실로스코프로 비교·측정하라.

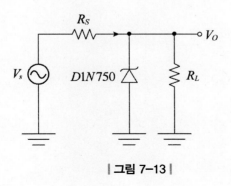

‖ 그림 7-13 ‖

Part 2

BJT transistor(트랜지스터) 실험

1 실험 목적

① 공통 이미터 증폭기의 입력 특성곡선(V_{BE}, I_B)을 실험을 통해 살펴본다.
② 공통 이미터 증폭기의 출력 특성곡선(V_{CE}, I_C)을 실험을 통해 살펴본다.
③ 활성 영역과 포화 영역을 고찰한다.

2 기본 이론

2.1 NPN 트랜지스터

베이스-에미터는 순방향 바이어스, 베이스-컬렉터는 역방향 바이어스를 인가한다. n-type 에미터 영역은 전도 전자가 충만하여 BE 접합을 지나 p-type 베이스로 확산된다. 베이스 영역은 얇게 도핑되어 있고, 제한된 수의 정공들을 가지고 있다. 따라서 BE를 지난 전자들 중에서 극소수의 전자들만이 베이스 영역의 정공과 재결합된다. 이 전자들은 베이스 전류를 형성한다. 베이스 영역에서 정공과 재결합하지 않고 남아있는 전자들은 BC 접합을 지나 컬렉터에 모이게 된다. 이것이 컬렉터 전류를 형성한다.

2.2 PNP 트랜지스터

에미터 영역의 다수 캐리어 정공은 에미터-베이스 간 순방향 바이어스 전압에 의해 베이스 영역으로 확산(diffusion)되고 베이스 영역에서 일부는 베이스 영역의 다수 캐리어인 전자와 재결합되고 나머지는 베이스-컬렉터 간 역방향 바이어스 전압에 의해 컬렉터로 드리프트(drift)되어 진행된다.

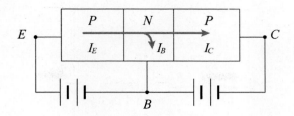

| 그림 8-1 | 트랜지스터 동작원리

키르히호프 전류 법칙에 의해 식 (8-1)

$$I_E = I_B + I_C \tag{8-1}$$

이 성립하고

$$I_C = \beta I_B \tag{8-2}$$

$$I_E = (1 + \beta) I_B \tag{8-3}$$

인 관계식을 얻게 된다. $\beta = \dfrac{I_C}{I_B}$를 전류이득이라 한다. 이때

$$\alpha = \frac{I_C}{I_E} \simeq 1 \tag{8-4}$$

인 값을 가진다. $\beta = \dfrac{I_C}{I_B}$와 $\alpha = \dfrac{I_C}{I_E}$의 관계식은 다음과 같다.

$$\beta = \frac{I_C}{I_B} = \frac{\alpha}{1 - \alpha} \tag{8-5}$$

2.3 입력 특성

베이스-에미터 특성은 순방향 바이어스이므로 다음 관계식

$$I_B = I_S\left(e^{q V_{BE} / kT} - 1\right) \tag{8-6}$$

를 따른다.

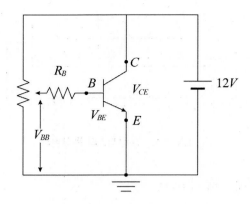

| 그림 8-2 | 입력 특성 측정 회로

$$I_B = \frac{V_{RB}}{R_B} = \frac{V_{BB} - V_{BE}}{R_B} = \frac{V_{BB} - 0.6}{R_B} \tag{8-7}$$

가변 저항 R_1을 조정하면 베이스-에미터 간 전압의 변화에 따라 베이스 전류가 변화한다. [그림 8-3]은 베이스-에미터 간 전압의 변화에 따른 베이스 전류 곡선을 그린 것이다. 베이스-에미터 간 전압이 대략 0.6볼트 이후에 베이스 전류는 지수함수적으로 급격히 증가한다. 베이스 전류가 흐르기 시작하는 베이스-에미터 간 단자전압을 cutin 전압 혹은 문턱(threshold) 전압이라 부른다. 이 문턱 전압은 반도체 접합 시 형성되는 장벽(barrier) 전압이라고 볼 수 있다.

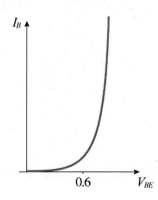

| 그림 8-3 | 입력 특성

2.4 출력 특성

V_{CE}를 0볼트부터 계속 증가시킬 때, 컬렉터 전류가 급격하게 증가하다가 활성영역에서는 컬렉터 전류가 포화전류 이상으로는 크게 증가하지 않게 된다.

$$I_B = \frac{V_{RB}}{R_B} = \frac{V_{BB} - V_{BE}}{R_B} = \frac{V_{BB} - 0.6}{R_B} \tag{8-8}$$

식 (8-8)에 의해 베이스 전류를 $10\mu A$를 맞추었다고 가정하면 가변 저항 R_2를 조정하여 V_{CE}를 0에서부터 15볼트까지 선택한다. 각각의 V_{CE} 전압에서 컬렉터에 흐르는 전류를 측정해 그래프로 나타내면 $I_B = 10\mu A$에 대한 출력 특성곡선이 된다. 이와 같이 베이스 전류를 $20\mu A$, $30\mu A$ 및 $40\mu A$ 등으로 고정하고 컬렉터 전류를 측정하고 동일한 그래프 축 상에 나타낸 것이 전체 출력 특성곡선이 되는 것이다.

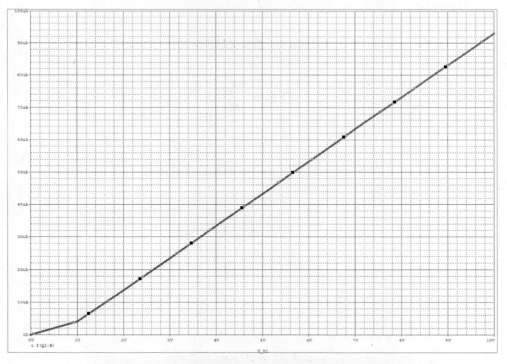

| 그림 8-4 | 입력 전압에 따른 베이스 전류 특성의 시뮬레이션 결과

입력 전압에 따른 베이스 전류 특성의 시뮬레이션 결과를 보면

$$I_B = \frac{V_1 - V_{BE}}{R_1} = \frac{1 - 0.6}{100\,k} = 4\,[\mu A]\,,\ \ I_B = \frac{V_1 - V_{BE}}{R_1} = \frac{10 - 0.6}{100\,k} = 94\,[\mu A]$$

로부터 시뮬레이션 결과가 타당함을 알 수 있다.

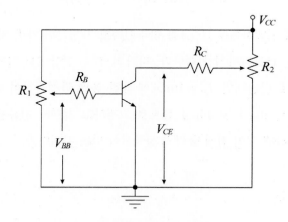

| 그림 8-5 | 출력 특성 측정 회로

$$I_C = \frac{V_{RC}}{R_C}$$

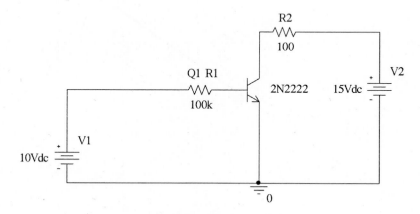

| 그림 8-6 | 트랜지스터 측정 회로

출력 특성의 시뮬레이션 결과(V_{CE} 대비 컬렉터 전류)는 입력 신호를 2V 간격으로 증가시키고, 동시에 0에서 15볼트까지 증가시킬 때 출력 컬렉터 전류를 나타낸 것이다. 포화영역과 활성 영역의 경계가 뚜렷이 나타나고 있음을 확인할 수가 있다. 활성영역에서는 전류가 서서히 증가하며, 포화 영역에서는 전류가 급격하게 감소하게 된다.

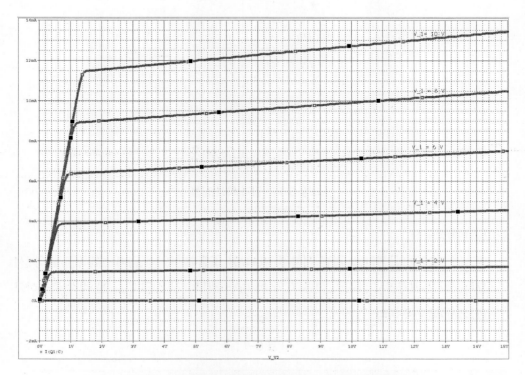

| 그림 8-7 | 출력 특성의 시뮬레이션 결과(V_{CE} 대비 컬렉터 전류)

3 실험 기기 및 부품

(1) 트랜지스터 : 2N3904 1개

(2) 저항 : 100kΩ, 100Ω 각 1개

(3) 가변 저항 : 10kΩ 2개

(4) 디지털 멀티미터(DMM) 1대

(5) DC POWER SUPPLY 1대

4 실험 절차

(1) [그림 8-8]을 구성하라. 가변 저항기 $10\,k\Omega$, 고정 저항 $100\,k\Omega$을 사용할 것.

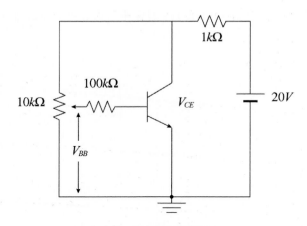

| 그림 8-8 | 입력 특성 실험

(2) 입력 특성곡선

$V_{CE} = 12\,V$로 고정하고, 가변 저항기 $10\,k\Omega$을 조정해 베이스 입력 전압 V_{BB}을 0에서부터 증가시켜가면서 베이스 전류 I_B와 베이스-에미터 간 전압 V_{BE} 을 각각 측정하고 〈표 8-1〉에 기록하라.

| 표 8-1 |

V_{BE}	0.1	0.2	0.3	0.4	0.5	0.6	0.7	0.8	0.9	1
I_B										

⑶ 〈표 8-1〉의 데이터를 연결하여 $V_{BE} - I_B$ 곡선을 [그림 8-9]에 그려라.

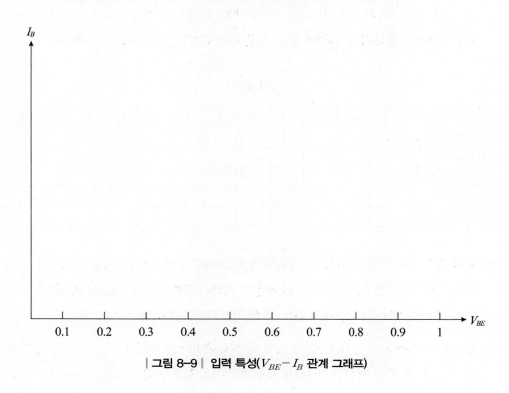

| 그림 8-9 | 입력 특성($V_{BE} - I_B$ 관계 그래프)

⑷ 출력 특성곡선

[그림 8-10]을 구성하라. 가변 저항기 $10\,k\Omega$, 고정 저항 $100\,\Omega$, $100\,k\Omega$을 사용할 것.

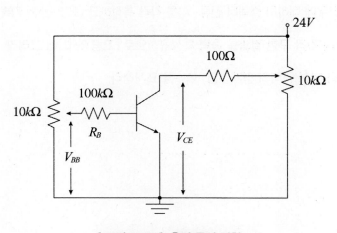

| 그림 8-10 | 출력 특성 실험

① 출력 측의 가변 저항기 $10\,k\Omega$을 조정해 컬렉터-에미터 간 전압을 $V_{CE} = 0\,V$로 고정하고, 입력 측 가변 저항기 $10\,k\Omega$을 조정해 베이스 전류가 각각 $10\mu A$, $20\mu A$, $30\mu A$, $40\mu A$인 경우에 대하여 컬렉터 전류 I_C를 각각 측정하고 〈표 8-2〉에 기록하라.

| 표 8-2 |

V_{CE} [V]		0	0.2	0.6	1.5	2	5	6	9	12	15	18	20
$I_B = 10\mu A$	I_C												
$I_B = 20\mu A$	I_C												
$I_B = 40\mu A$	I_C												
$I_B = 60\mu A$	I_C												
$I_B = 80\mu A$	I_C												

② 출력 측의 가변 저항기 $10\,k\Omega$을 조정해 컬렉터-에미터 간 전압을 $V_{CE} = 0.2\,V$로 고정하고, 입력 측 가변 저항기 $10\,k\Omega$을 조정해 베이스 전류가 각각 $10\mu A$, $20\mu A$, $30\mu A$, $40\mu A$인 경우에 대하여 컬렉터 전류 I_C를 각각 측정하고 〈표 8-2〉에 기록하라.

③ 출력 측의 가변 저항기 $10\,k\Omega$을 조정해 컬렉터-에미터 간 전압을 $V_{CE} = 0.6\,V$로 고정하고, 입력 측 가변 저항기 $10\,k\Omega$을 조정해 베이스 전류가 각각 $10\mu A$, $20\mu A$, $30\mu A$, $40\mu A$인 경우에 대하여 컬렉터 전류 I_C를 각각 측정하고 〈표 8-2〉에 기록하라.

④ 동일한 방법으로 출력 측의 가변 저항기 $10\,k\Omega$을 조정해 〈표 8-2〉의 V_{CE}의 값들로 고정하고, 입력 측 가변 저항기 $10\,k\Omega$을 조정해 베이스 전류가 각각 $10\mu A$, $20\mu A$, $30\mu A$, $40\mu A$인 경우에 대하여 컬렉터 전류 I_C를 각각 측정하고 〈표 8-2〉에 기록하라.

⑤ ①-④로부터 각각 구한 결과를 출력 특성곡선으로 [그림 8-11]에 그려라.

⑥ 포화 영역과 활성 영역의 경계전압 V_{CE}를 표시하라.

| 그림 8-11 | 출력 특성곡선(V_{CE} 대비 컬렉터 전류)

1 실험 목적

① 공통 이미터 회로의 직류 바이어스 동작 특성을 이해함.

2 기본 이론

2.1 전압 분배 바이어스

[그림 9-1]은 전압 분배 바이어스이다. R_1과 R_2는 각각 직류 바이어스 저항이다.
테브낭의 등가회로는 [그림 9-2]와 같다.

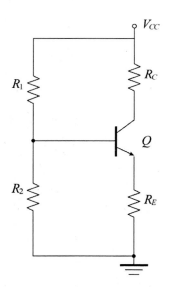

| 그림 9-1 | 전압 분배 바이어스

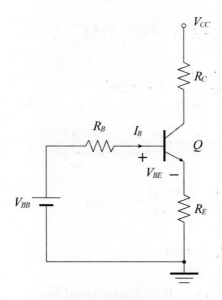

| 그림 9-2 | 테브낭 등가회로

[그림 9-2]로부터 베이스 전류, 컬렉터 전류를 각각 구하면

$$V_{BB} = I_B R_B + V_{BE} + (1 + \beta) I_B R_E$$

$$I_B = \frac{V_{BB} - V_{BE}}{R_B + (\beta + 1) R_E} \quad I_E = \frac{V_{BB} - V_{BE}}{R_B / (\beta + 1) + R_E} \quad I_C = \beta I_B$$

$$I_C = \beta I_B = \beta \frac{V_{BB} - V_{BE}}{R_B + (\beta + 1) R_E} \simeq \frac{V_{BB} - V_{BE}}{R_B / \beta + R_E} \simeq \frac{V_{BB} - V_{BE}}{R_E}$$

β는 온도에 따른 변화가 존재한다. $R_E \gg R_B / \beta$인 조건을 만족하면 컬렉터 전류가 온도 변화에 따른 변화가 최소화되기 때문에 에미터 저항R_E은 바이어스를 안정화시키는 역할을 한다.

2.2 바이어스 회로 적용

[그림 9-2] 회로에서 $V_{CC} = 10 \, V \, R_1 = 47 k\Omega$, $R_2 = 10 k\Omega$, $R_c = 3 k\Omega$,

$R_E = 1 k\Omega \quad \beta = 140 \quad V_{BE} = 0.7 \, V$일 때 동작점($V_{CE}$, I_C)을 구하라.

$$V_{BB} = \frac{10}{47 + 10} \times 10 \simeq 1.754 \ V$$

$$R_B = \frac{47 \times 10}{47 + 10} = 8.2456 \ k\Omega$$

$$I_E = \frac{V_{BB} - V_{BE}}{R_B/(\beta + 1) + R_E} = \frac{1.754 - 0.7}{8.2456/141 + 1} \simeq 0.996 \ mA$$

$$I_B = \frac{I_E}{\beta + 1} = \frac{0.996}{141} \simeq 7.06 \mu A$$

$$I_C = \beta I_B = 0.989 mA$$

$$V_{CE} \simeq V_{CC} - (R_C + R_E)I_C \simeq 6.04 \ V$$

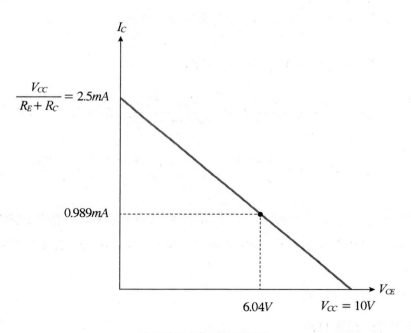

| 그림 9-3 | 직류 부하선

3 실험기기 및 부품

⑴ 트랜지스터 : 2N2222 1개

⑵ 저항 : 47k, 10k, 3k, 1k 각 1개

⑶ 콘덴서 : $10\mu F$ 2개

⑷ 디지털 멀티미터(DMM) 1대

⑸ DC POWER SUPPLY 1대

4 실험 절차

⑴ [그림 9-2]의 회로를 구성하라.

$$V_{CC} = 10\ V \quad R_1 = 47k\Omega, \quad R_2 = 10k\Omega, \quad R_c = 3k\Omega,$$

$$R_E = 1k\Omega \quad \beta = 140 \quad V_{BE} = 0.7\ V$$

⑵ I_B , I_C , V_{CE}를 각각 측정하고 〈표 9-1〉에 기록하라.

⑶ 직류 부하선을 그리고 동작점이 포화, 차단, 선형 영역인지를 판단하라.

| 표 9-1 |

계산값			측정값		
I_B	I_C	V_{CE}	I_B	I_C	V_{CE}

1 실험 목적

① 공통 이미터 증폭 회로의 동작 특성을 이해한다.

- 직류 등가회로 구하기 및 직류특성
- 트랜지스터 $r-parameter$ 교류 등가회로 구하기 및 교류 특성
- 교류 에미터-베이스 간 저항값 측정

$$r_e{}' = \frac{26 \text{ mV}}{I_E}$$

② 에미터 저항 및 바이패스 콘덴서(bypass capacitor)가 증폭이득에 미치는 영향을 이해한다.

③ 결합(coupling capacitor) 콘덴서의 역할을 이해한다.

④ swamping 증폭기의 특성을 이해한다.

2 기본 이론

2.1 직류 해석 - 직류 등가회로

$R_1 = 47k\Omega$, $R_2 = 10k\Omega$, $R_c = 3k\Omega$, $R_E = 1k\Omega$, $R_L = 3k\Omega$, $\beta_{ac} = 155$, $R_E = 1k\Omega$

$$V_{BB} = \frac{10}{47 + 10} \times 10 \simeq 1.754 \ V$$

$$R_B = \frac{47 \times 10}{47 + 10} = 8.2456 \ k\Omega$$

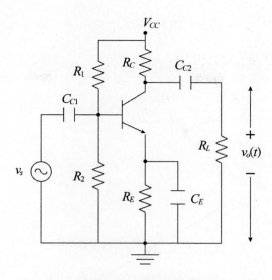

| 그림 10-1 | 공통 이미터 증폭기

입력 회로에 대한 KVL 방정식 (10-1)

$$V_{BB} - V_{BE} = I_B[R_B + (1+\beta)R_E] = I_E[R_B/(\beta+1) + R_E] \tag{10-1}$$

으로부터

$$I_E = \frac{V_{BB} - V_{BE}}{R_B/(\beta+1) + R_E} \simeq \frac{V_{BB} - 0.7}{R_E} \simeq 1.054 mA$$

출력 회로에 대한 KVL 방정식 (10-2)

$$V_{CE} \simeq V_{CC} - (R_C + R_E)I_C \tag{10-2}$$

으로부터

$$V_{CEQ} \simeq V_{CC} - (R_C + R_E)I_{CQ} \simeq 6.04\ V$$

부하선으로부터 포화점과 차단점을 구하면 다음과 같다.

• 포화점 : $V_{CE} = 0$, $I_{C(sat)} = \dfrac{V_{CC}}{R_C + R_E} = \dfrac{10}{4k} = 2.5 mA$

• 차단점 : $I_C = 0$, $V_{CE} = V_{CC} = 10\,V$

$$r_e{}' = \frac{26\ \mathrm{mV}}{I_E} = \frac{26}{1.054} \simeq 23.7\varOmega$$

$$R_C \parallel R_L = \frac{R_C R_L}{R_C + R_L} = \frac{R_C R_L}{R_C + R_L} = 1.5k$$

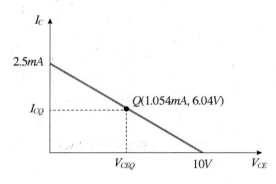

| 그림 10-2 | 직류 부하선

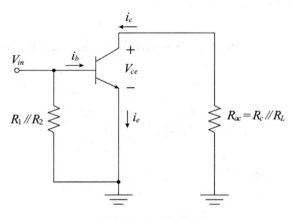

| 그림 10-3 | 교류 등가회로

[그림 10-3]의 출력단에서 KVL 방정식을 세우면

$$V_{ce} + R_{ac}i_c = 0$$
$$V_{cd} - V_{ceq} + R_{ac}(i_C - I_{CQ)} = 0$$

$$V_{CE} = 0 \quad \rightarrow \quad i_{C(sat)} = I_{CQ} + \frac{V_{CEQ}}{R_{ac}} = 1.054 + \frac{6.04}{1.5k} = 5.08mA$$

$$i_C = 0 \quad \rightarrow \quad v_{CE(cutoff)} = V_{CEQ} + R_{ac}I_{CQ} = 6.04 + 1.5k \times 1.054mA = 7.621\,V$$

교류 부하선을 그리면 [그림 10-4]와 같다:

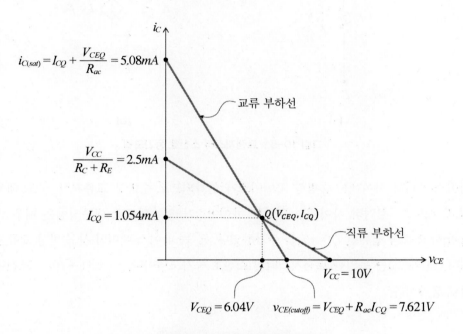

| 그림 10-4 | 직류 및 교류 부하선

찌그러짐(clipping) 없이 나올 수 있는 출력의 첨두값 전압은 다음과 같다.

$$v_{o(p-p)} = i_{c(p-p)}(R_C \parallel R_L) = 1.054 \times 2 \times 1.5 = 3.162\,V$$

[그림 10-4]로부터 찌그러짐(clipping) 없이 나올 수 있는 출력의 첨두값 전압은 $(7.621 - 6.04) \times 2 = 3.162\,V$임을 확실히 알 수 있다.

2.2 교류 해석

트랜지스터의 소신호 등가모델은 [그림 10-5]와 같다.

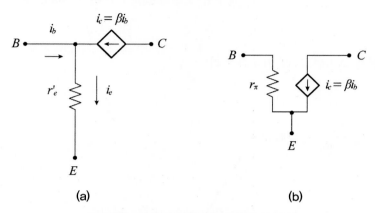

│ 그림 10-5 │ 트랜지스터 소신호 등가모델

베이스-에미터 사이에는 순방향 바이어스가 인가되므로 순방향 교류저항 r_e'로 대체하였고, 베이스-컬렉터 사이에는 역방향 바이어스가 인가되므로 내부저항은 매우 커서 open하고 종속 전류원 $i_c = \beta i_b$를 추가하였다. r_e'는 베이스-에미터 간 순방향 교류저항이다. (a)와 (b)는 동일한 트랜지스터의 소신호 등가모델이다. $r_\pi = (1 + \beta)r_e'$ 조건에서 서로 등가이다.

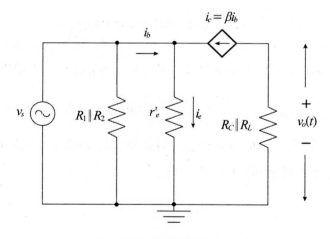

│ 그림 10-6 │ 교류 등가회로

(1) 전압이득

$$A_V = \frac{R_C \parallel R_L}{r_e{}'} = \frac{1.5k}{12.68} \simeq 118.29$$

교류 전압 증폭이득은 매우 높으나 $r_e{}'$ 가 온도에 의존하므로 온도의 변화에 따라 교류 전압 증폭이득은 값이 변동할 수 있다.

(2) 교류 전류이득

$$A_i = \frac{i_c}{i_b} = \beta$$

$$A_I = \frac{i_c}{i_s} = \frac{i_b}{i_s}\frac{i_c}{i_b} = \frac{R_1 \parallel R_2}{R_1 \parallel R_2 + Z_{in(base)}}\beta$$

(3) 입력 임피던스

$$Z_{in(base)} = \beta r_e{}' = 155(26.1) = 4.046k\Omega$$

$$Z_{in} = R_1 \parallel R_2 \parallel \beta r_e{}' = 8.2456k \parallel 4.046k \simeq 2.71k\Omega$$

(4) 출력 임피던스

교류 등가회로로부터 입력 전압을 제거하면 베이스 전류가 0이 되고, 따라서 컬렉터 전류도 0이 되어 출력 임피던스는 부하저항 $R_C \parallel R_L$과 같아지게 된다. 즉

$$Z_o = R_C \parallel R_L = 3k \parallel 3k = 1.5k\Omega$$

2.3 swamping

전압이득을 현저하게 감소시키지 않으면서 바이어스 안정화를 극대화시키는 방법이다. swamping은 R_E에 대해 바이패스 콘덴서를 병렬로 부착하는 것(바이패싱)과 전혀 바이패싱시키지 않는 것과의 절충이다.

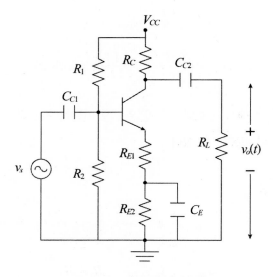

| 그림 10-7 | swamping 증폭기

(1) 직류 해석

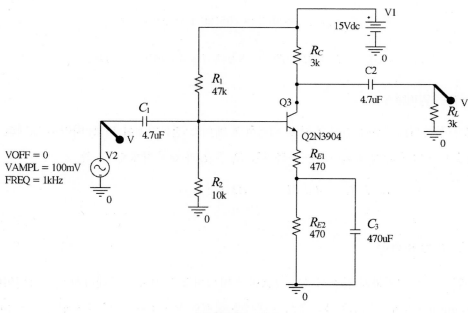

| 그림 10-8 |

$$R_1 = 47k\Omega, R_2 = 10k\Omega, R_c = 3k\Omega, R_{E1} = R_{E2} = 470\Omega, R_L = 3k\Omega, \beta_{DC} = \beta_{ac} = 155$$

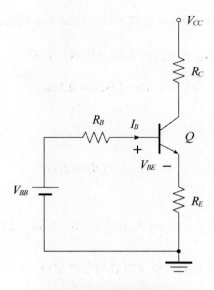

| 그림 10-9 | 테브낭 등가회로

$$V_{BB} = \frac{10}{47 + 10} \times 15 \simeq 2.63 \ V$$

$$R_B = \frac{47 \times 10}{47 + 10} = 8.2456 \ k\Omega$$

입력 회로에 대한 KVL 방정식

$$V_{BB} - V_{BE} = I_B[R_B + (1 + \beta_{DC})R_E] = I_E[R_B/(\beta_{DC} + 1) + R_E] \tag{10-3}$$

으로부터

$$I_E = \frac{V_{BB} - V_{BE}}{R_B/(\beta_{DC} + 1) + R_E} \tag{10-5}$$

$R_E \gg R_B/(\beta_{DC} + 1)$ 조건을 만족한다면

$$I_E = \frac{V_{BB} - V_{BE}}{R_B/(\beta_{DC} + 1) + R_E} \simeq \frac{V_{BB} - 0.7}{R_E} \simeq 2.05 mA$$

$$I_B \simeq \frac{I_E}{\beta_{DC}} = \frac{2.05 mA}{155} \simeq 13.24 \ \mu A$$

$$V_B = V_{BB} - I_B R_B = 2.63 - 13.24\,\mu A \times 8.2456\,k\Omega \simeq 2.52\,V$$

$$V_E = (I_E)(R_{E1} + R_{E2}) = 2.05 \times 0.94 = 1.927\,V$$

$$V_{BE} = V_B - V_E = 2.52 - 1.927 = 0.593\,V$$

출력 회로에 대한 KVL 방정식

$$V_{CE} \simeq V_{CC} - (R_C + R_E)I_C \tag{10-5}$$

으로부터

$$V_{CEQ} \simeq V_{CC} - (R_C + R_E)I_{CQ} \simeq 15 - 3.94 \times 2.05 = 6.923\,V$$

부하선으로부터 포화점과 차단점을 구하면 다음과 같다.

- 포화점 : $V_{CE} = 0$, $I_{C(sat)} = \dfrac{V_{CC}}{R_C + R_E} = \dfrac{15}{3.94k} \simeq 3.8 mA$

- 차단점 : $I_C = 0$, $V_{CE} = V_{CC} = 15\,V$

$$r_e' = \frac{26\,mV}{I_E} = \frac{26}{2.05} \simeq 12.68\,\Omega$$

$$R_C \parallel R_L = \frac{R_C R_L}{R_C + R_L} = \frac{R_C R_L}{R_C + R_L} = 1.5k$$

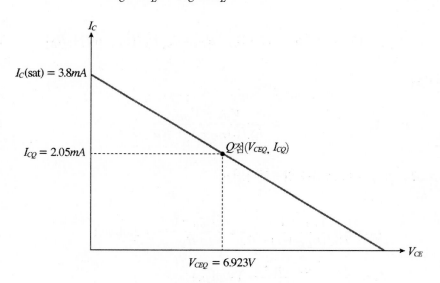

| 그림 10-10 | 직류 부하선

찌그러짐(clipping) 없이 나올 수 있는 출력의 첨두값 전압은 다음과 같다.

$$v_{o(p-p)} = i_{c(p-p)}(R_C \parallel R_L) = 2.05 \times 2 \times 1.5 = 6.15 \; V$$

(2) 교류 해석

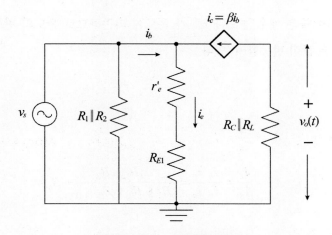

| 그림 10-11 | 교류 등가회로

i) 전압이득

$$A_V = \frac{R_C \parallel R_L}{r_e{'} + R_{E1}} = \frac{1.5k}{12.68 + 470} \simeq 3.1$$

R_{E1}의 값이 $r_e{'}$보다 매우 큰 값(대략 10배 이상)으로 정한다면 다음 관계식으로 단순화 되어 전압이득은 $r_e{'}$에 관계없이 안정한 값을 얻을 수가 있다.

$$A_V = \frac{R_C \parallel R_L}{r_e{'} + R_{E1}} \simeq \frac{R_C \parallel R_L}{R_{E1}}$$

ii) 입력 임피던스

$$Z_{in(base)} = \beta_{ac}(r_e{'} + R_{E1}) = 155(12.68 + 500) \simeq 79.5k\Omega$$

$$Z_{in} = R_1 \parallel R_2 \parallel \beta_{ac}(r_e{'} + R_{E1}) = 8.2456k \parallel 79.5k \simeq 7.47k\Omega$$

에미터 저항 R_{E1} 및 R_{E2}을 모두 bypass하면

i) 전압이득

$$A_V = \frac{R_C \parallel R_L}{r_e'} = \frac{1.5k}{12.68} \simeq 118.29$$

교류 전압 증폭이득은 매우 높으나 r_e'가 온도에 의존하므로 온도의 변화에 따라 교류 전압 증폭이득은 값이 변동할 수 있다.

ii) 교류 전류이득

$$A_i = \frac{i_c}{i_b} = \beta_{ac}$$

$$A_I = \frac{i_c}{i_s} = \frac{i_b}{i_s} \frac{i_c}{i_b} = \frac{R_1 \parallel R_2}{R_1 \parallel R_2 + Z_{\in(base)}} \beta_{ac}$$

iii) 입력 임피던스

$$Z_{in(base)} = \beta_{ac} r_e' = 155 \times 12.68 \simeq 1.965 k\Omega$$

$$Z_{in} = R_1 \parallel R_2 \parallel \beta_{ac} r_e' = 8.2456k \parallel 1.965k \simeq 1.59k\Omega$$

R_{E1} 및 R_{E2}를 모두 unbypass하면 모두 bypass할 경우의 전압이득보다 전압이득은 매우 낮아진다.

$$A_V = \frac{R_C \parallel R_L}{r_e' + R_{E1} + R_{E2}} = \frac{1.5k}{12.68 + 940} \simeq 1.57$$

따라서 에미터 저항을 $R_{E1} = 470\Omega$ $R_{E2} = 470\Omega$로 나누어서 $R_{E2} = 0.5k\Omega$만 바이패스하면 전압이득이 3.1로서, 모두 바이패스하지 않은 경우보다 더 높은 교류 전압이득을 얻을 수가 있다. 더욱이 컬렉터 저항과 부하저항을 적절하게 조합해 사용하면 10배 정도의 교류이득을 얻을 수 있을 것이다(실험과제 참조).

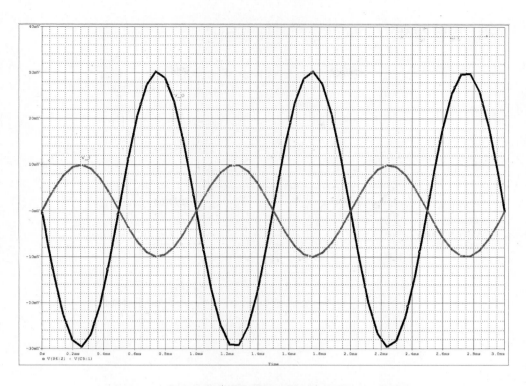

| 그림 10-12 | $A_v = \dfrac{v_o}{v_b}$ 시뮬레이션 결과($R_{E2} = 0.5k\Omega$만 바이패스)

시뮬레이션 결과로부터 공통 이미터 증폭기는 위상이 180° 반전(inversion)되는 것을 알 수 있다.

3 실험기기 및 부품

(1) 트랜지스터 : 2N3904 1개

(2) 저항 : $47k\Omega$, $10k\Omega$ 각 1개, $3k\Omega$ 2개, $1k\Omega$ 1개, 470Ω 2개

(3) 콘덴서 : $4.7\mu F$ 2개, $100\mu F$ 1개

(4) 디지털 멀티미터(DMM) 1대

(5) DC POWER SUPPLY 1대

(6) 오실로스코프 1대

4 실험 절차

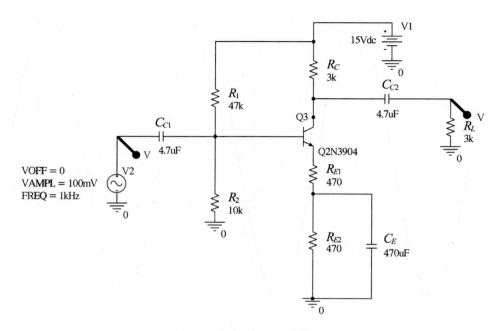

| 그림 10-13 | 공통 이미터 증폭 회로

$$R_1 = 47k\Omega,\ R_2 = 10k\Omega,\ R_c = 5.6k\Omega,\ R_{E1} = 470\Omega,\ R_{E2} = 470\Omega,$$

$$R_L = 56k\Omega,\ C_{C1} = 4.7\mu F,\ C_{C2} = 4.7\mu F,\ C_E = 470\mu F$$

(1) [그림 10-13]의 회로를 구성하라. 입력신호는 1kHz, 첨두치가 200mV인 정현파 $v_i(t) =$ $0.1\sin(2\pi\,1000\,t)\,[V]$를 인가하라. 직류전압 $V_{CC} = 15\,V$를 인가하라.

(2) 직류 등가회로를 구하고 테브닝 등가회로를 그려라.

(3) I_E에 관한 식을 입력 KVL 방정식으로부터 구하라.

(4) 출력 KVL 방정식으로부터 직류 부하선과 교류 부하선에 관한 식을 구하라.

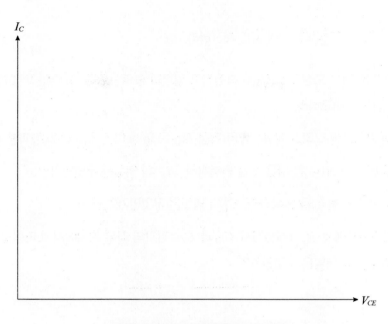

| 그림 10-14 | 직류 부하선과 교류부하선

(5) 직류 에미터 전압 $V_{R_{E1}}$, $V_{R_{E2}}$및 컬렉터 전압 V_{R_C} 및 컬렉터 에미터 간 전압 V_{CE}를 각 각 측정하라. V_{CE}의 값을 [그림 10-14]에 표시하라.

※직류 측정 오실로스코프에서 DC mode로 전환하고, 함수 발생장치의 전원을 일시 차단하라.

(6) $I_E = \dfrac{V_{R_{E1}}}{R_{E1}}$, $I_C = \dfrac{V_{R_C}}{R_C}$ 로부터 I_E 및 I_C를 각각 계산하라.

(7) $I_B = I_E - I_C$ 를 계산하라.

(8) $\beta_{DC} = \dfrac{I_C}{I_B}$ 의 값을 계산하라.

| 표 10-1 |

계산값				측정값			
I_B	I_C	I_E	V_{CE}	I_B	I_C	I_E	V_{CE}

(9) 직류 동작점(I_C, V_{CE})의 좌표값을 직류부하선 상에 표시하라. 동작점은 부하선의 중심 위치로부터 얼마나 이탈한 위치에 있는가?

(10) $r_e' = \dfrac{26 \text{ mV}}{I_E}$ 로부터 r_e'의 값을 계산하라.

(11) 교류 전압이득을 오실로스코프로 측정하고 입력과 출력신호를 동시에 [그림 10-13]에 그려라. 위상을 비교하라.

(12) 교류 등가회로를 그리고 교류 전압이득을 계산하라. (11)의 결과와 (12)의 결과를 비교하라.

(13) R_{E1}를 단락(short)시킨 다음 (11)을 반복하라. R_{E1}의 역할은 무엇인가?

(14) C_E를 제거한 후 (11)을 반복하라. C_E의 역할은 무엇인가?

(15) 오실로스코프에서 DC mode에서 C_{C1}과 C_{C2} 각각의 좌우 위치에서의 파형을 관찰하라. C_{C1}과 C_{C2}의 역할은 무엇인가?

5 검토 및 토의

(1) 교류 증폭이득을 높이는 최적의 바이어스 방법을 고찰하라.

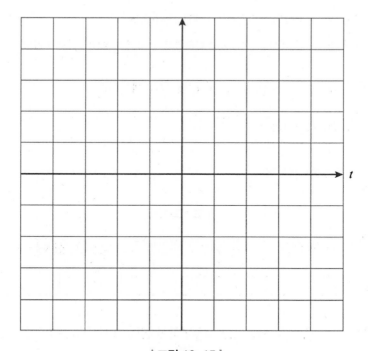

| 그림 10-15 |

1 실험 목적

① 공통 컬렉터 증폭기의 직류 및 교류 특성을 이해한다.

② 교류 전압이득이 거의 1임을 관찰한다.

③ 교류 전류이득을 관찰한다.

④ 공통에 미터 증폭기에 비해 입력 임피던스는 높고, 출력 임피던스는 낮음을 관찰한다.

2 기본 이론

공통 컬렉터 증폭기는 높은 입력 저항과 낮은 출력 저항을 가지므로 공통 이미터 증폭기와 부하 스피커 사이의 버퍼로 활용된다. 1단 공통 이미터 증폭기를 낮은 부하저항을 갖는 스피커에 직접 접속하면 전압이득이 현저하게 저하된다. 따라서 공통 컬렉터 증폭기를 공통 이미터 증폭기와 부하 스피커 사이의 버퍼로 연결하게 되면 임피던스 정합을 이루게 되어 최대전력전달 조건을 만족하여 공통 이미터 증폭기의 높은 전압이득을 큰 감소 없이 스피커로 전달할 수 있다.

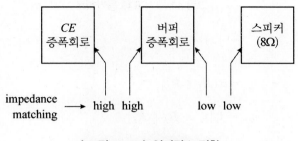

| 그림 11-1 | 임피던스 정합

2.1 교류 등가회로

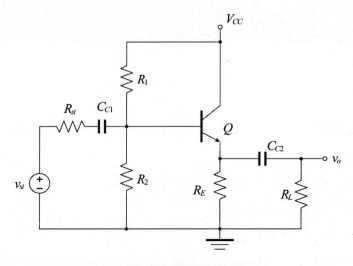

‖ 그림 11-2 ‖ 공통 컬렉터 증폭기

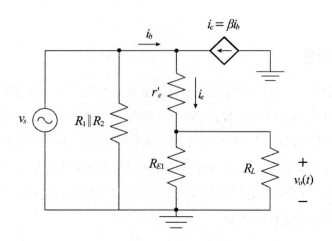

‖ 그림 11-3 ‖ 교류 등가회로

(1) 교류 전압이득

$$v_0 = i_e(R_E \parallel R_L)$$

$$v_{in} = i_e(r_e{}' + R_E \parallel R_L)$$

$$A_v = \frac{R_E \parallel R_L}{r_e{}' + R_E \parallel R_L} \approx 1 \, (R_E \parallel R_L \gg r_e{}')$$

출력 전압이 입력 전압을 따라간다(emitter follower).

(2) 교류 전류이득

$$A_i = \frac{i_L}{i_b} = \frac{i_e}{i_b} \frac{R_E}{R_E + R_L} = (\beta + 1)\frac{R_E}{R_E + R_L}$$

(3) 입력 저항

$$Z_{in(base)} = \frac{v_{in}}{i_{in}} = \frac{v_b}{i_b} = \frac{i_e(r_e{}' + R_E \parallel R_L)}{i_b} = \frac{\beta i_b(r_e{}' + R_E \parallel R_L)}{i_b} = \beta(r_e{}' + R_E \parallel R_L)$$

$$Z_{in(total)} = R_1 \parallel R_2 \parallel \beta(r_e{}' + R_E \parallel R_L)$$

(4) 출력 저항(전원 내부저항이 포함된 경우)

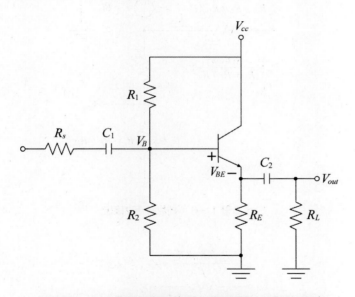

‖ 그림 11-4 ‖ 에미터 팔로워(전원 내부저항이 포함된 경우)

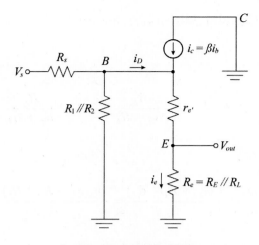

| 그림 11-5 | 교류 등가회로

$$R_{th} = R_s /\!/ R_1 /\!/ R_2$$

$$V_{th} = \frac{R_1 /\!/ R_2}{R_s + R_1 /\!/ R_2} V_s$$

| 그림 11-6 | 테브낭 등가회로

$$\frac{R_s /\!/ R_1 /\!/ R_2}{\beta} + r_{e'}$$

| 그림 11-7 | 에미터 단자에서의 등가회로

$$V_{th} = \left(\frac{R_s // R_1 // R_2}{\beta} + r_{e'} + R_e \right) i_e$$

$$z_{out} = R_e // \left(\frac{R_s // R_1 // R_2}{\beta_{ac}} + r_{e'} \right)$$

2.2 직류/교류 해석

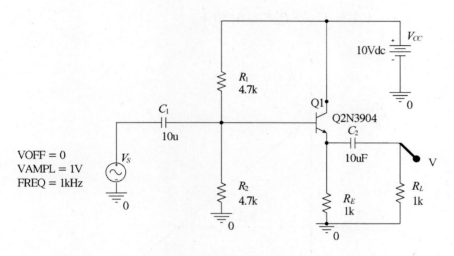

| 그림 11-8 |

[그림 11-8] 회로에서 $V_{CC} = 10\,V$, $R_1 = 4.7k\Omega$, $R_2 = 4.7k\Omega$, $R_E = 1k\Omega$, $\beta_{DC} = \beta_{ac}$ $= 164$, $V_{BE} = 0.7\,V$일 때

(1) 직류 동작점(V_{CE}, I_C)

$$V_{BB} = \frac{4.7}{4.7 + 4.7} \times 10 = 5\,V$$

$$R_B = \frac{4.7 \times 4.7}{4.7 + 4.7} = 2.35\,k\Omega$$

$$I_E = \frac{V_{BB} - V_{BE}}{R_B/(\beta + 1) + R_E} = \frac{5 - 0.7}{2.35/165 + 1} \simeq 4.239\,mA$$

$$r_e{'} = \frac{25mV}{I_E} = \frac{25}{4.239} \simeq 5.9\,\Omega$$

$$I_B = \frac{I_E}{\beta + 1} = \frac{4.239}{165} \simeq 25.69\,\mu A$$

$$V_B = V_{BB} - I_B R_B = 5 - 25.69\mu \times 2.35k \simeq 4.99\,V$$

$$V_E = R_E I_C = 4.239\,V$$

$$I_C = \beta I_B = 4.2389\,mA$$

$$V_{CE} \simeq V_{CC} - R_E I_C = 5.761\,V$$

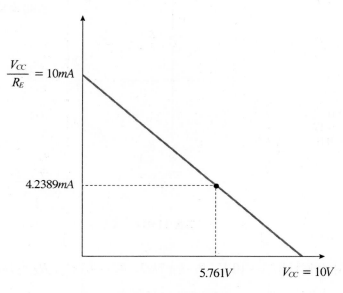

| 그림 11-9 | 직류 부하선

(2) 입력 임피던스 및 전압이득과 전류이득

$$Z_{in(base)} \simeq \beta R_e = (165)(0.5k) = 82k$$

$$Z_{in(total)} = R_1 \parallel R_2 \parallel \beta(r_e{'} + R_E \parallel R_L) = 2.28k$$

$$A_v = \frac{R_E \parallel R_L}{r_e{'} + R_E \parallel R_L} = \frac{500}{500 + 5.9} \approx 0.988$$

$$A_i = \left(\frac{i_b}{i_{in}} \right)\left(\frac{i_L}{i_b} \right) = \left(\frac{R_1 \parallel R_2}{R_1 \parallel R_2 + Z_{in(base)}} \right)\left(\frac{i_e}{i_b} \right)\left(\frac{R_E}{R_E + R_L} \right)$$

$$= \left(\frac{R_1 \parallel R_2}{R_1 \parallel R_2 + Z_{in(base)}} \right)(\beta + 1)\left(\frac{R_E}{R_E + R_L} \right)$$

$$\simeq 2.298$$

$$i_e = \frac{v_e}{R_e} = \frac{A_v v_b}{500}$$

$$A_p = 2.2709$$

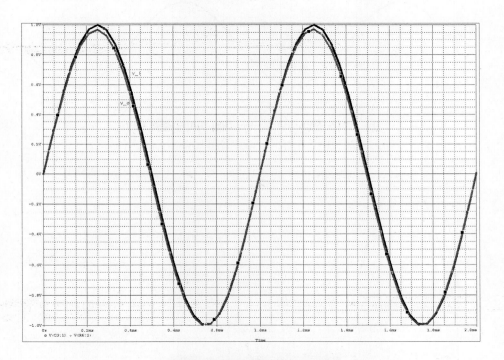

(a) 입력 전압 v_i 대비 이미터 출력 전압 v_e

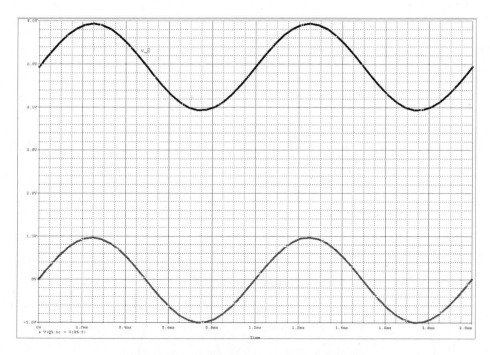

(b) 베이스 전압$v_B = V_B + v_b$ 대비 이미터 출력 전압v_e

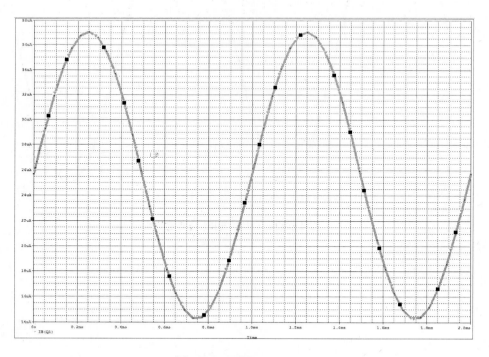

(c) 베이스 전류 $i_B = I_B + i_b$

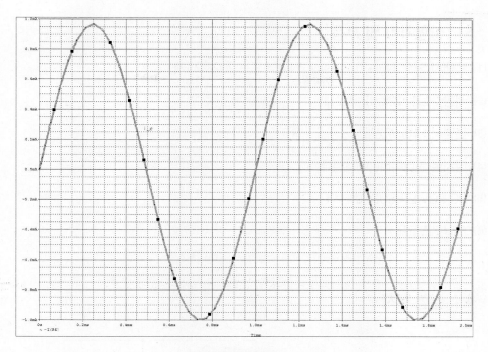

(d) 이미터 전류 i_e

┃ 그림 11-10 ┃ PSPICE 시뮬레이션 결과

[그림 11-10]은 PSPICE 결과를 나타내고 있다. 결과로부터 교류 전압이득은

$$A_v = \frac{v_e}{v_b} \simeq 1$$

교류 전류이득은

$$A_i = \frac{i_e}{i_b} = \frac{2 \times 0.97mA}{37\mu A - 25.68\mu A} \simeq 171.4$$

임을 확인할 수가 있다. 결과적으로 공통 컬렉터 증폭기의 교류 전압이득은 거의 1이며, 교류 전류이득은 매우 크다는 사실을 알 수 있다.

(1) 트랜지스터 : NPN Transistor 2N3904 또는 2N2222 1개

(2) 저항 : 4.7k, 22k, 1k 각 2개

(3) 콘덴서 : $10\mu F$ 2개

(4) 디지털 멀티미터(DMM) 1대

(5) DC POWER SUPPLY 1대

(6) 오실로스코프

4 실험 절차

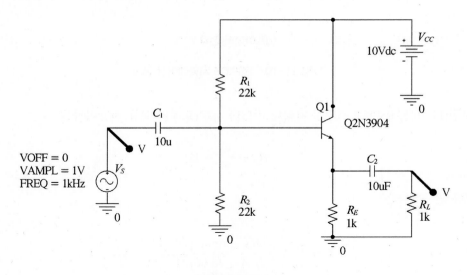

| 그림 11-11 |

(1) [그림 11-11]의 회로를 구성하라. 1kHz ,2 V_{p-p} 정현파를 입력 전압으로 인가하라.

(2) I_B, I_C, V_B, V_{CE}, V_E를 각각 측정하라. 계산값과 비교하라.

(3) 직류 동작점을 직류 부하선 [그림 11-12]에 표시하라.

| 그림 11-12 | **직류 부하선과 직류 동작점**(V_{CE}, I_C)

⑷ 오실로스코프 ch1, ch2에서 입출력 전압 파형을 관찰하고 [그림 11-13]에 그려라. 전압이
득과 위상을 비교하라.

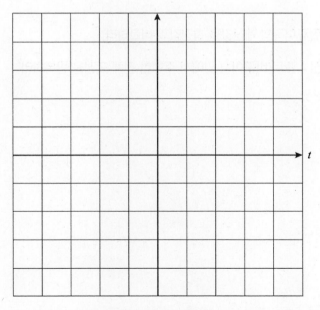

| 그림 11-13 | **입출력 교류전압 파형(위상 비교) 및 전압이득** $A_v = \dfrac{v_e}{v_b} \simeq 1$

⑸ 오실로스코프 ch1, ch2에서 입출력 전류 파형을 관찰하고 [그림 11-14]에 그려라. 전류이
득과 위상을 비교하라.

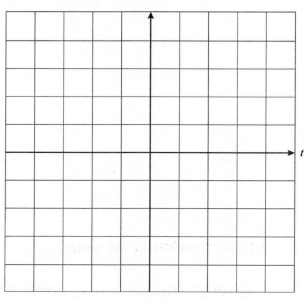

∥그림 11-14∥ 입출력 교류전류 파형(위상 비교) 및 전류이득 $A_i = \dfrac{i_e}{i_b}$

⑹ 전압이득과 전류이득의 계산값을 측정값과 비교하라.

⑺ 22k 저항 대신 4.7k로 바꾸어서 앞에서 수행한 전체 과정을 반복하라.

1 실험 목적

① 공통 베이스 증폭기의 직류 및 교류 특성을 이해한다.

② 전압이득은 매우 높고, 위상은 동위상(in phase)이다. 전류이득은 1보다 작다. 이러한 결과를 실험을 통해 확인한다.

③ 공통에 미터 증폭기에 비해 입력 임피던스는 낮고, 출력 임피던스는 비슷함을 관찰한다.

2 기본 이론

2.1 교류 등가회로

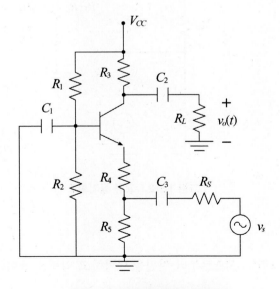

| 그림 12-1 | 공통 베이스 증폭기

(1) 교류 전압이득

[그림 12-2]는 공통 베이스 증폭기의 교류 등가회로를 나타낸다. 교류 등가회로로부터 교류 전압이득을 구하면

$$A_v \simeq \frac{-i_c R_3 \parallel R_L}{-i_e (r_e{'} + R_4)} = \frac{R_3 \parallel R_L}{r_e{'} + R_4}$$

따라서 에미터 저항과 컬렉터 저항 및 부하저항의 적절한 조합으로 전압이득을 조정할 수가 있다.

(2) 교류 전류이득

교류 전류이득은 1보다 작은 값을 갖는다.

$$A_i = \frac{-i_c}{i_i} = \left(\frac{-i_e}{i_i} \right)\left(\frac{-i_c}{-i_e} \right) = \left(\frac{R_5}{R_5 + r_e{'} + R_4} \right)\left(\frac{-i_c}{-i_e} \right) \simeq \frac{R_5}{R_5 + r_e{'} + R_4} < 1$$

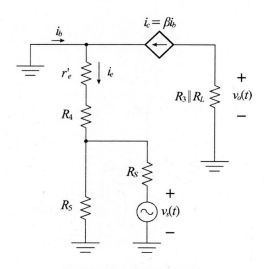

∥ 그림 12-2 ∥ 교류 등가회로

(3) 입력 임피던스

입력 임피던스는 [그림 12-3]으로부터 전원을 단락하고 입력을 들여다 본 임피던스를 구하면 된다. 따라서

$$Z_{in} = R_5 \parallel (r_e{}' + R_4)$$

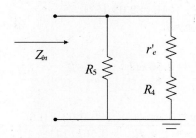

| 그림 12-3 | 입력 임피던스

2.2 직류 바이어스

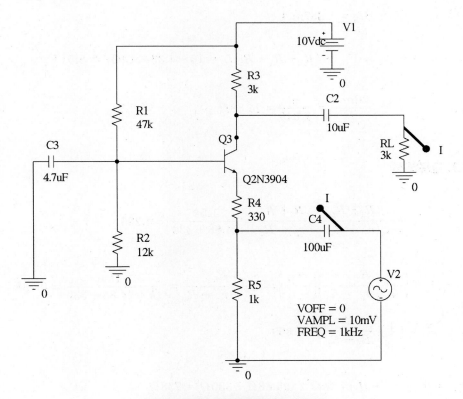

| 그림 12-4 | 베이스 증폭기 설계 예

[그림 12-4] 회로에서 $\beta_{DC} = 140$, $V_{BE} = 0.7\,V$일 때 동작점(V_{CE}, I_C)을 구하면

$$V_{BB} = \frac{12}{47 + 12} \times 10 = 2.03\,V$$

$$R_B = \frac{47 \times 12}{47 + 12} = 9.56\,k\Omega$$

$$I_E = \frac{V_{BB} - V_{BE}}{R_B/(\beta_{DC} + 1) + R_E} = \frac{2.03 - 0.6}{9.56k/141 + 1.3k} \simeq 1.045mA$$

$$I_B = \frac{I_E}{\beta_{DC} + 1} = \frac{1.045}{141} \simeq 7.41\,\mu A$$

$$I_C = \beta I_B = 1.037mA$$

$$V_{CE} \simeq V_{CC} - (R_3 + R_4 + R_5)I_C = 10 - 4.33 \times 1.037 = 5.51\,V$$

$$r_e' = \frac{26m\,V}{I_E} = \frac{26}{1.045} = 24.88\Omega$$

2.3 교류해석

$$A_v \simeq \frac{-i_c R_3 \parallel R_L}{-i_e(r_e' + R_4)} = \frac{R_3 \parallel R_L}{r_e' + R_4} = \frac{1.5k}{24.88 + 330} \simeq 4.226$$

$$A_i = \left(\frac{R_5}{R_5 + r_e' + R_4}\right)\left(\frac{-i_c}{-i_e}\right) \simeq \frac{R_5}{R_5 + r_e' + R_4} = \frac{1k}{1k + 24.88 + 330} \simeq 0.738$$

$$A_I = (A_i)\left(\frac{R_3}{R_3 + R_L}\right) = 0.369$$

$$Z_{in} = R_5 \parallel (r_e' + R_4) = 1k\Omega \parallel (24.88\Omega + 330\Omega) = 738\Omega$$

$$Z_o = R_3 \parallel R_2 = 3k \parallel 3k = 1.5k\Omega$$

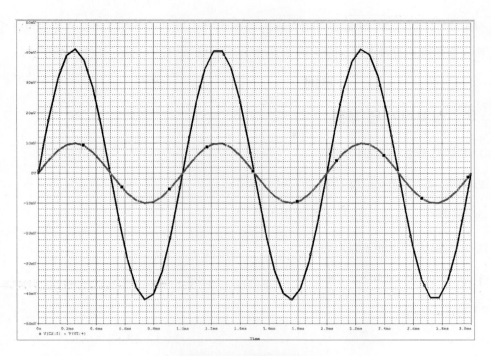

| 그림 12-5 | 교류 전압이득

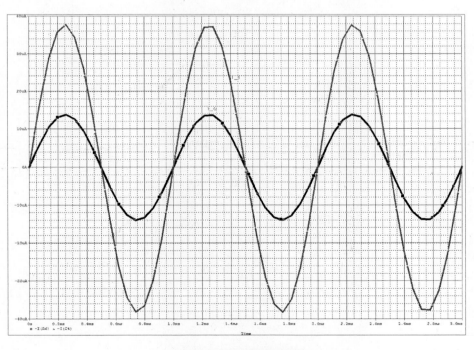

| 그림 12-6 | 교류 전류이득

시뮬레이션 결과로부터 교류 전압이득은 공통 이미터 접지 증폭기와 비슷하게 높지만 입력과 출력의 위상이 동일 위상이며 전류이득은 1보다 작다는 사실을 확인할 수가 있다.

3 실험기기 및 부품

(1) 트랜지스터 : 2N3904 1개

(2) 저항 : 47k, 12k, 1k, 3k, 330 각 1개

(3) 콘덴서 : $100\mu F$, $10\mu F$, $4.7\mu F$ 각 1개

(4) 디지털 멀티미터(DMM) 1대

(5) DC POWER SUPPLY 1대

(6) 오실로스코프

4 실험 절차

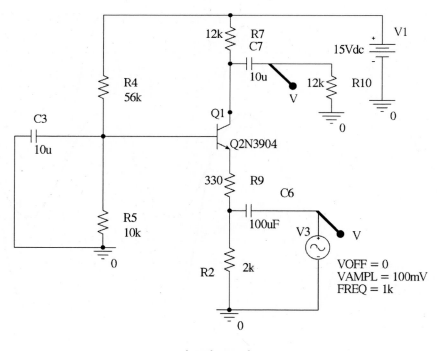

| 그림 12-7 |

(1) [그림 12-7]의 회로를 구성하라. 입력 전압은 1kHz, 최댓값 100mV 정현파를 인가하라.

(2) I_B, I_C, V_{CE}를 각각 측정하라. 직류 부하선 및 직류 동작점(V_{CE}, I_C)을 그래프로 나타내어라.

| 그림 12-8 | 직류 부하선 및 직류 동작점(V_{CE}, I_C)

(3) 입출력 전압 파형을 오실로스코프 ch1, ch2에서 동시에 관찰하고 [그림 12-9]에 그려라. 교류 전압이득을 구하라. 위상차를 살펴보라. 동일한 위상이 얻어졌는가?

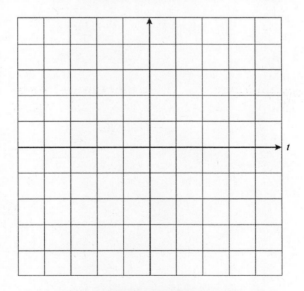

| 그림 12-9 | 입출력 전압 파형(교류 전압이득)

⑷ 입출력 전류 파형을 관찰하고 [그림 12-10]에 그려라. 교류 전류이득을 관찰하라.

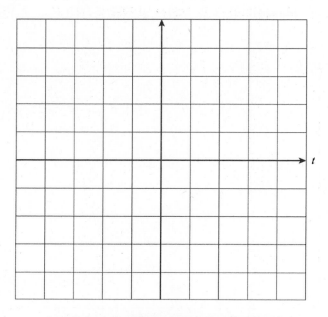

| 그림 12-10 | 입출력 전류 파형(교류 전류이득)

Part 3

차동증폭기 및
연산 증폭기 실험

1 실험 목적

① 차동증폭기의 특성을 이해한다.

② 차동이득/동상이득을 이해한다.

③ 정전류원을 이용한 차동증폭기의 특성을 이해한다.

2 기본 이론

차동증폭기는 원하는 신호는 증폭시키고 잡음이나 간섭신호 등 원치 않는 신호는 제거하는 기능을 갖는 중요한 증폭기이다. [그림 13-1]은 두 입력 신호 v_1과 v_2를 갖는 차동증폭기의 기본 구조이다.

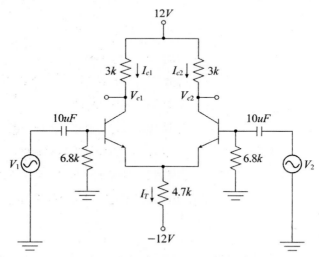

| 그림 13-1 | 에미터 저항을 이용한 차동증폭기

2.1 차동증폭기(직류해석)

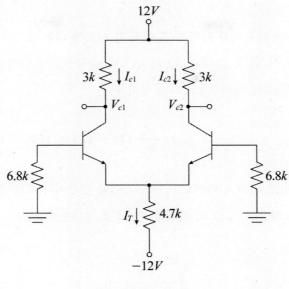

$$\parallel 그림\ 13\text{--}2 \parallel$$

$$R_B I_B + V_{BE} + R_{E/T} - V_{EE} = 0$$

$$R_B \left(\frac{I_E}{\beta+1} \right) + V_{BE} + R_E(2/E) - V_{EE} = 0$$

$$I_E = \frac{V_{EE} - V_{BE}}{2R_E + \dfrac{R_B}{\beta+1}} = \frac{12 - 0.7}{9.4 + \dfrac{6.8}{201}} \approx 1.2mA$$

$$I_T = 2/E = 2.4mA$$

$$V_{c1} = V_{c2} = V_{cc} - I_C R_C \approx 12 - (1.2 \times 3) \approx 8.4\,V$$

$$r_e{}' \frac{25mV}{I_E} = \frac{25mV}{1.2mA} = 20.83\Omega$$

$$A = \frac{R_C}{2r_e{}'} = \frac{3k}{2 \times 20.83} = 72$$

2.2 차동증폭기(교류해석)

(1) 차동이득

차동증폭기의 출력은 다음식과 같이 두 입력의 차 신호에 대한 증폭이 된다. 만약 $v_2 = 0$ 이라면 $v_{out} = Av_1$이 된다. 그리고, Q_1의 컬렉터 출력신호는 입력신호v_1와 역상이고, Q_2의 컬렉터 출력신호는 입력신호v_1와 동상이 된다.

$$V_{out} = V_{out1} + V_{out2} = \frac{R_C}{2r_e'}(V_1 - V_2) = A(V_1 - V_2)$$

다음 회로는 $v_2 = 0$로 하고 입력신호 v_1만 인가했을 경우이다. 그리고, Q_1의 컬렉터 출력신호 v_{c1}는 v_1과 역상이고, Q_2의 컬렉터 출력신호 v_{c2}는 입력신호 v_1와 동상이 된다.

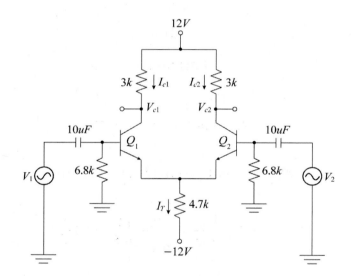

| 그림 13-3 | 에미터 저항을 이용한 차동증폭기($v_2 = 0$)

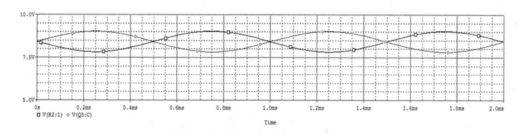

| 그림 13-4 | 에미터 저항을 이용한 차동증폭기($v_2 = 0$) 시뮬레이션 결과

(2) 동상이득

두 입력 신호 v_1과 v_2가 진폭과 위상이 서로 같을 때 즉 $v_1 = v_2 = v_{CM}$일 때 동상신호 이득은 다음과 같다:

$$\frac{V_{out}}{V_{in(CM)}} = \frac{R_C}{r_e{'} + 2R_E} \approx \frac{R_C}{2R_E}$$

동상신호 이득을 줄이려면 R_E를 크게 하면 된다. 즉 $R_E \rightarrow \infty$. 그러나 R_E를 무작정 크게 하게 되면 컬렉터 전류가 줄어들게 되고 컬렉터 직류 전압이 높아져서 바이어스에 나쁜 영향을 미치게 된다.

2.3 에미터 저항만을 사용한 차동증폭기의 동상 신호 제거 특성

다음 회로는 에미터 저항만을 사용한 차동증폭기로서 매우 큰 동상신호(진폭 1V, 주파수 5kHz)가 유입되었을 때 효과적으로 제거하지 못하고 차동신호(진폭 10mV, 주파수 1kHz)에 포함되어 출력되고 있음을 보여준다.

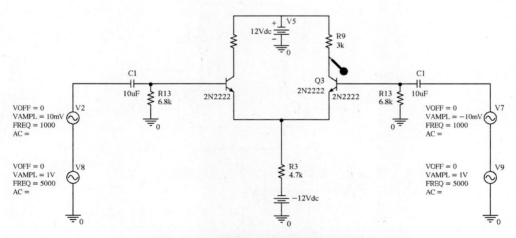

| 그림 13-5 | 에미터 저항을 이용한 차동증폭기

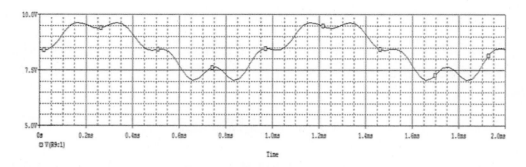

| 그림 13-6 | 에미터저항을 이용한 차동증폭기 시뮬레이션

2.4 정전류원을 이용한 차동증폭기

에미터 저항을 이용한 차동증폭기는 R_E 동상신호 제거 특성이 R_E에 의존하기 때문에 제한적이다. 그러나, 정전류원을 이용한 차동증폭기는 R_E에만 의존하지 않고 동상신호 차단효과가 매우 우수하다.

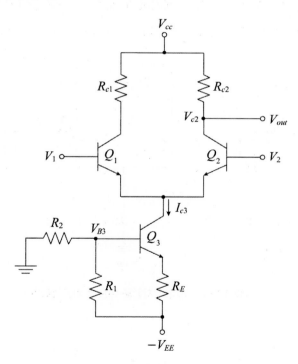

| 그림 13-7 | 정전류원을 이용한 차동증폭기

[그림 13-7]은 정전류원 사용한 차동증폭기로서 Q_3 주변 블록(정전류원)의 직류 해석은 다음과 같다:

$$V_{B3} = -\frac{R_2 V_{EE}}{R_1 + R_2}$$

$$V_{E3} = V_{B3} - V_{BE3} = -\frac{R_2 V_{EE}}{R_1 + R_2} - V_{BE3}$$

$$I_{E3} \approx I_{C3} = \frac{V_{E3} - (-V_{EE})}{R_E}$$

$$I_{C3} = \frac{V_{EE} - \dfrac{R_2 V_{EE}}{R_1 + R_2} - V_{BE3}}{R_E} \quad \text{(고정값)}$$

I_{C3}는 R_1, R_2 및 R_E에 의해 결정된다. 트랜지스터 Q_3의 에미터나 베이스에 신호가 인가되지 않으므로 I_{C3}는 변화되지 않는다. 따라서, Q_3는 Q_1과 Q_2의 정전류원으로 작용한다. [그림 13-8]은 정전류원을 이용한 차동증폭기로서 매우큰 동상신호(진폭 1V, 주파수 5kHz)가 유입되었을 때 효과적으로 제거하고 차동신호(진폭 10mV, 주파수 1kHz)만 증폭되어 출력되고 있음을 보여준다. 근사적으로 해석을 하면 다음과 같다:

$$I_{c3} = \frac{V_{EE} - \dfrac{R_2 V_{EE}}{R_1 + R_2} - V_{BE3}}{R_E} = \frac{V_{EE}\left(\dfrac{R_1}{R_1 + R_2}\right) - V_{BE3}}{R_E} = \frac{12\left(\dfrac{4.7}{47 + 4.7}\right) - 0.7}{100} = 3.9mA$$

$$I_{C3} = 2I_E = 3.9mA \qquad I_E = 1.95mA$$

$$V_{C1} = V_{C2} = V_{CC} - I_C R_C \approx 12 - (1.95 \times 3) \approx 6.15V$$

$$r_e' = \frac{25mV}{I_E} = \frac{25mV}{1.95mA} = 12.82\Omega$$

$$V_{out} = \frac{R_C}{2r_e'}(V_1 - V_2) = \frac{R_C}{r_e'}V_1 \qquad V_1 = -V_2$$

$$A = \frac{R_C}{r_e'} = \frac{3k}{12.82} = 234$$

$$A = \frac{R_C}{r_e{}'} = \frac{3k}{12.82} = 234$$

$$V_{out} = 234 \times 10m\,V = 2.34\,V$$

$$V_{o(P-P)} = 4.68\,V$$

근사해석의 결과로 실제 시뮬레이션 결과($V_{o(P-P)} = 3.2\,V$)와는 약간의 오차가 발생한다.

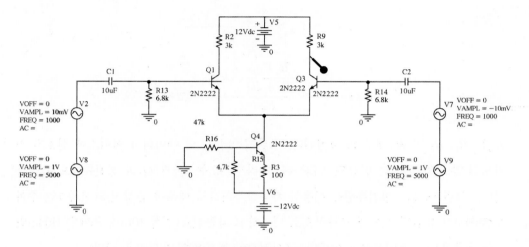

| 그림 13-8 | 정전류원을 이용한 차동증폭기

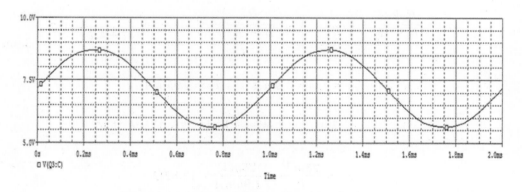

| 그림 13-9 | 정전류원을 이용한 차동증폭기 시뮬레이션 결과

실험기기 및 부품

(1) 트랜지스터 : 2N2222 2개

(2) 저항 : 47k 1개, 4.7k 1개, 6.8k 2개, 5k 2개, 100Ω 1개

(3) 콘덴서 : $10\mu F$ 2개

(4) DC POWER SUPPLY 2대

(5) 오실로스코프

(6) 함수 발생기 2대

4 **실험 절차**

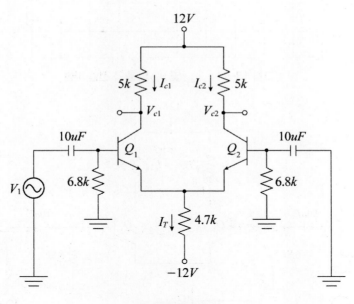

| 그림 13-10 |

(1) [그림 13-10] 회로를 구성하라.

(2) 다음 값을 각각 측정하라.
   - 직류 컬렉터 전압 V_{C1}, V_{C2}
   - 직류 컬렉터 전류 I_{C1}, I_{C2}

(3) 신호입력 v_1의 진폭 50mV, 주파수 1kHz 정현파를 인가하고, 오실로스코프 채널 ch1, ch2로 v_{c1} 및 v_{c2}의 출력 전압 파형을 관찰하고 [그림 13-11]에 그려라.

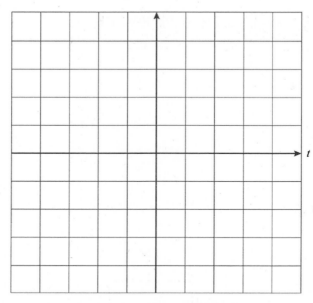

| 그림 13-11 | v_{c1} 및 v_{c2}의 출력 전압 파형

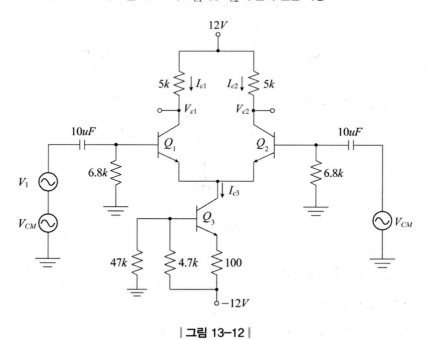

| 그림 13-12 |

(4) [그림 13-12] 회로를 구성하라.

(5) 신호입력 v_1의 진폭 50mV, 주파수 1kHz 정현파를 인가하고, 간섭신호 입력 v_{CM}의 진폭 100mV, 주파수 5kHz 정현파를 인가하고, 오실로스코프 채널 ch1, ch2로 v_{c1} 및 v_{c2}의 출력 전압 파형을 관찰하고 [그림 13-13]에 그려라.

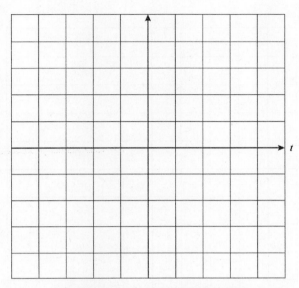

| 그림 13-13 | v_{c1} 및 v_{c2}의 출력 전압 파형

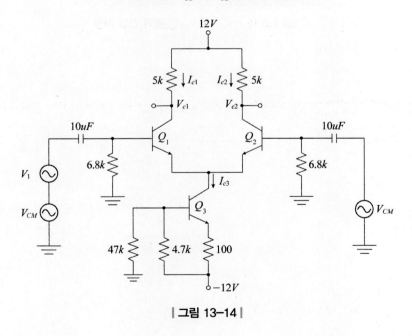

| 그림 13-14 |

⑹ [그림 13-14] 회로를 구성하라.

⑺ 신호입력 v_1의 진폭 50mV, 주파수 1kHz 정현파를 인가하고, 간섭신호 입력 v_{CM}의 진폭 1V, 주파수 5kHz 정현파를 인가하고, 오실로스코프 채널 ch1, ch2로 v_{c1} 및 v_{c2}의 출력 전압 파형을 관찰하고 [그림 13-15]에 그려라.

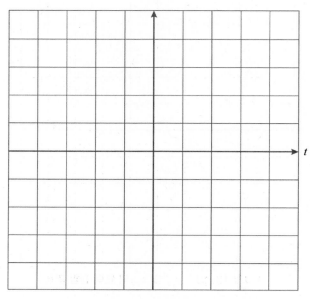

| 그림 13-15 | v_{c1} 및 v_{c2}의 출력 전압 파형

실험 14 : 반전 증폭기와 비반전 증폭기

1 실험 목적

① 반전 증폭기와 비반전 증폭기의 동작을 이해한다.

2 기본 이론

2.1 비반전 증폭기

연산 증폭기는 다수의 트랜지스터, 다이오드, 저항 및 커패시터가 단일 칩(chip) 상에 구성된 선형 집적회로이다. [그림 14-1]에서 이상적인 연산 증폭기를 가정하면, 다음 식이 성립한다.

$$v_s = - R_1 I_i \tag{14-1}$$

$$v_o = - (R_1 + R_2) I_i \tag{14-2}$$

$$A_v = \frac{v_o}{v_s} = \frac{R_1 + R_2}{R_1} = 1 + \frac{R_2}{R_1} \tag{14-3}$$

식 (14-3)의 결과로부터, 전압이득 A_v는 비반전 증폭이득이다.

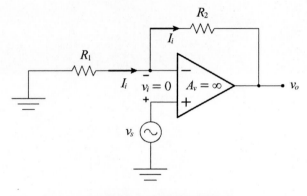

| 그림 14-1 | 비반전 증폭기

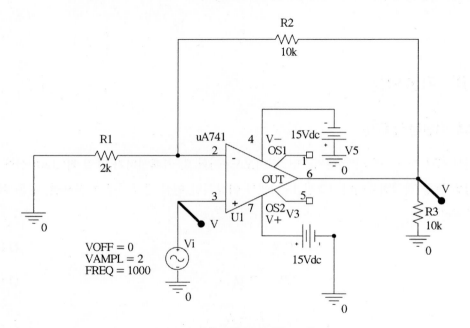

| 그림 14-2 | 비반전 증폭기 예제

$$v_o = \left(1 + \frac{R_2}{R_1}\right)v_1 = \left(1 + \frac{10k}{2k}\right) \times 2\sin(2\pi 1000\,t) = 12\sin(2\pi 1000\,t)\,[V]$$

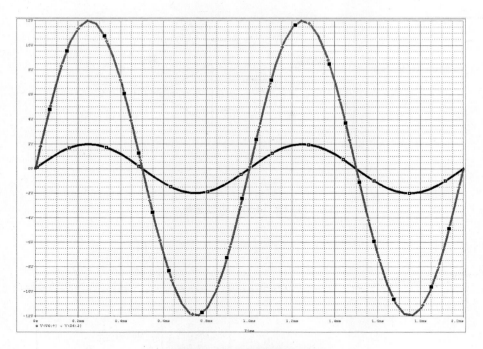

| 그림 14-3 | 비반전 증폭 결과

2.2 반전 증폭기

[그림 14-4]에서 이상적인 연산 증폭기를 가정하면 다음 식들이 성립된다.

$$v_s = R_1 I_i \tag{14-4}$$

$$v_o = -R_2 I_i \tag{14-5}$$

$$A_v = \frac{v_o}{v_s} = -\frac{R_2}{R_1} \tag{14-6}$$

식 (14-6)으로부터 [그림 14-4]는 반전 증폭기로 동작한다.

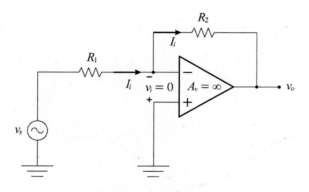

| 그림 14-4 | 반전 증폭기

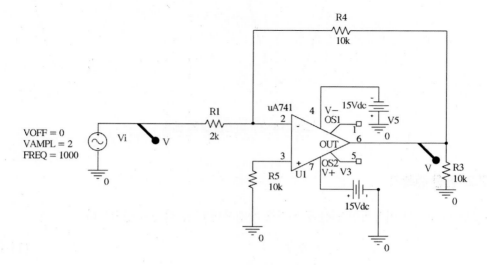

| 그림 14-5 | 반전 증폭기 예제

$$v_o = -\frac{10k}{2k}v_1 = -5v_1 = -10\sin(2\pi 1000\,t)\,[V]$$

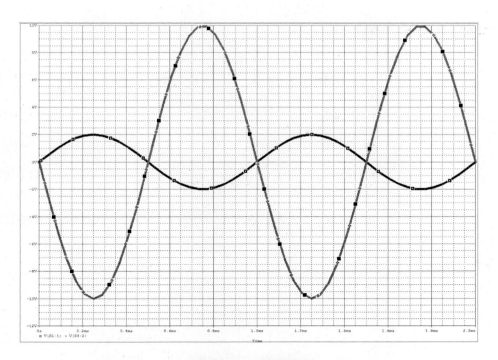

| 그림 14-6 | 반전 증폭 결과

[그림 14-7]은 반전 증폭기와 가산기를 결합한 회로이다.

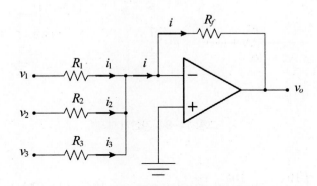

| 그림 14-7 | 반전 증폭가-가산기

입출력 관계식은 다음과 같다.

$$v_1 = R_1 i_1 \tag{14-7}$$

$$v_2 = R_2 i_2 \tag{14-8}$$

$$v_3 = R_3 i_3 \tag{14-9}$$

$$i = i_1 + i_2 + i_3 = \frac{v_1}{R_1} + \frac{v_2}{R_2} + \frac{v_3}{R_3} \tag{14-10}$$

$$v_o = -R_f\, i = -R_f\left(\frac{v_1}{R_1} + \frac{v_2}{R_2} + \frac{v_3}{R_3}\right) \tag{14-11}$$

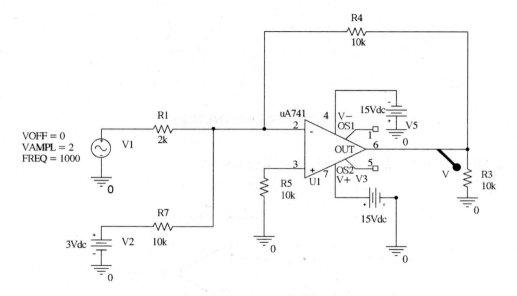

| 그림 14-8 | 가산기 예제1

$$v_o = -\left(\frac{10k}{2k}v_1 + \frac{10k}{10k}v_2\right) = -5v_1 - v_2 = -10\sin\left(2\pi 1000\,t\right) - 3\,[V]$$

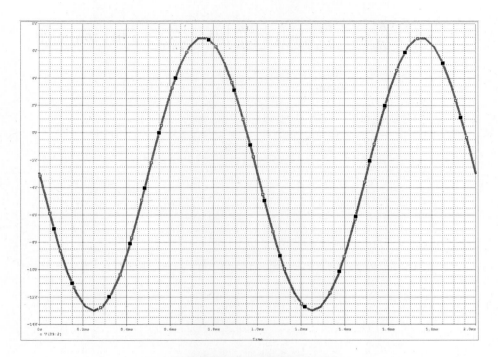

| 그림 14-9 | 가산기 예제1 결과

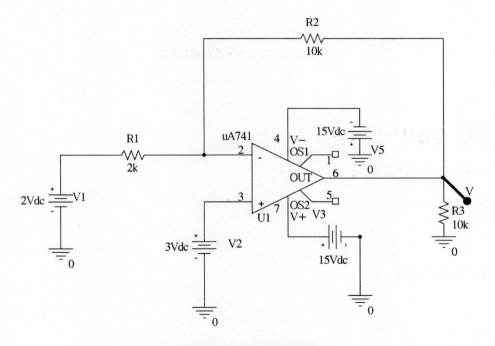

| 그림 14-10 | 가산기 예제2

$$v_o = \left(1 + \frac{R_2}{R_1}\right)v_1 - \frac{R_2}{R_1}v_2 = \left(1 + \frac{10k}{2k}\right) \times 3 - \frac{10k}{2k} \times 2 = 18 - 10 = 8\,[V]$$

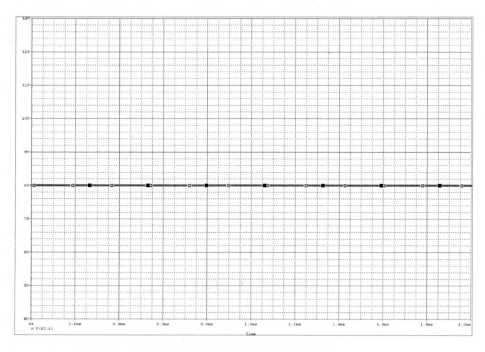

| 그림 14-11 | 가산기 예제2 결과

3 실험기기 및 부품

(1) OP AMP : LM324 1개

(2) 저항 : 10k 3개, 1k 1개

(3) AC 전원

(4) 오실로스코프

4 실험 절차

(1) [그림 14-2]의 회로를 구성하라. V_S에 최댓값 2V, 1000Hz 정현파를 인가하라.

(2) 입출력 전압 파형을 관찰하고 [그림 14-12]에 각각의 파형을 그려라. 교류 전압이득을 측정하라. 계산값과 비교해 보라.

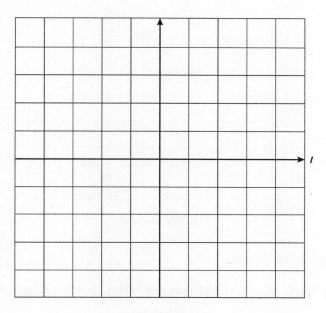

‖ 그림 14-12 ‖

(3) [그림 14-5]의 회로를 구성하라.

⑷ 입출력 전압 파형을 관찰하고 [그림 14-14]에 각각의 파형을 그려라. 교류 전압이득을 측정하라. 계산값과 비교하라.

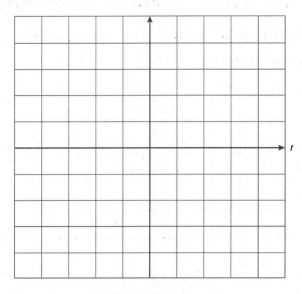

| 그림 14-14 |

⑸ [그림 14-8]의 회로를 구성하라.

⑹ 입출력 전압 파형을 광찰하고 [그림 14-14]에 그려라. 교류 전압이득을 측정하라.

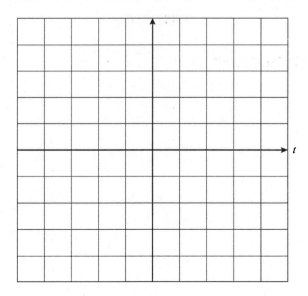

| 그림 14-14 |

⑺ [그림 14-10]의 회로를 구성하라.

⑻ 입출력 전압 파형을 관찰하고 [그림 14-15]에 그려라. 교류 전압이득을 측정하라.

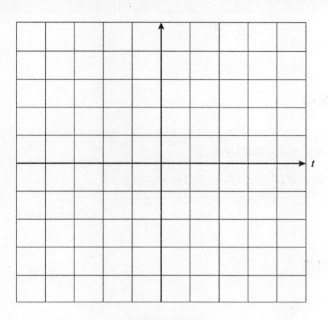

| 그림 14-15 |

1 실험 목적

① 미분기와 적분기의 동작을 이해한다.
② 미분기와 적분기의 차단 주파수의 영향을 관찰한다.

2 기본 이론

2.1 미분기

미분기는 [그림 15-1]과 같이 반전증폭기 형태이나 저항 R_1과 콘덴서 C가 직렬로 접속되어 있다. 저항 R_1이 없다면 고주파수에서 콘덴서가 단락이 되어 폐루프 전압이득이 ∞가 되어 선형증폭기 동작을 할 수 없다. 따라서, 폐루프 전압이득을 제한하기 위하여 콘덴서와 직렬로 저항을 연결함으로써 폐루프 전압이득을 $-\dfrac{R_2}{R_1}$으로 제한한다. 결과적으로 고주파수에 대하여 반전증폭기$\left(\text{이득} : -\dfrac{R_2}{R_1}\right)$로 동작하고 저주파수에 대하여 미분기로 동작한다. 원활한 미분기로 동작하기 위한 조건은 $R_2 \geqq 10R_1$이다.

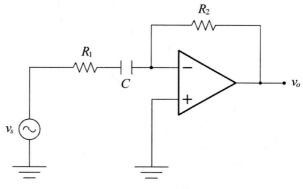

| 그림 15-1 | 미분기

입력과 출력에 대해 KVL 식을 세우면 식 (15-1)과 식 (15-2)와 같다.

$$v_s(t) = R_1 i(t) + \frac{1}{C}\int i(t)\,dt \qquad (15\text{-}1)$$

$$V_o(t) = -R_2 i(t) \qquad (15\text{-}2)$$

입력과 출력에 대해 라플라스 변환식을 세우면 식 (15-3)과 식 (15-4)와 같다.

$$V_s(s) = \left(R_1 + \frac{1}{sC}\right)I(s) \qquad (15\text{-}3)$$

$$V_o(s) = -R_2 I(s) \qquad (15\text{-}4)$$

따라서 전압이득에 대한 라플라스 변환식은 다음과 같다.

$$A_v(s) = \frac{V_o(s)}{V_s(s)} = -\frac{R_2}{R_1 + \dfrac{1}{sC}} = -\frac{R_2}{R_1}\frac{s}{s + \dfrac{1}{R_1 C}} \qquad (15\text{-}5)$$

i) $s \gg \dfrac{1}{R_1 C}$ 일 경우 즉, $f_{in} > f_c = \dfrac{1}{2\pi R_1 C}$: 차단 주파수보다 높은 입력 주파수에 대해

$$A_v(s) = -\frac{R_2}{R_1} \qquad (15\text{-}6)$$

가 되며, 이것은 반전 증폭기로 동작한다.

ii) $s \ll \dfrac{1}{R_1 C}$ 일 경우 즉, $f_{in} < f_c = \dfrac{1}{2\pi R_1 C}$: 차단 주파수보다 낮은 입력 주파수에 대해

$$A_v(s) = -\frac{R_2}{R_1}\frac{s}{\dfrac{1}{R_1 C}} = -R_2 C s \quad \text{즉,} \quad V_o(s) = -R_2 C s\, V_s(s)$$

따라서 라플라스 역변환하면

$$v_0 = -R_2 C \frac{dv_s}{dt} \qquad (15\text{-}7)$$

가 되어 미분기로 동작한다.

예제 1 정현파 입력에 대한 미분기

다음 미분기 회로에서 진폭이 10V 입력 주파수가 100Hz인 정현파에 대한 출력파형을 구하라.

풀이

차단 주파수는

$$f_c = \frac{1}{2\pi R_2 C} = \frac{1}{2\pi (10^5)(10^{-8})} = \frac{10^4}{2\pi} \simeq 159.2\,Hz$$

출력 전압의 식은

$$
\begin{aligned}
v_0 &= -10^5 \times 10^{-8}\, \frac{d\left[10\sin(2\pi \times 100t)\right]}{dt} \\
&= -10^{-3} \times 10 \times 2\pi \times 100\cos(2\pi \times 100t) \\
&= -2\pi \cos(2\pi \times 100t)
\end{aligned}
$$

$1ms$와 $5ms$에서의 전압값을 구하면

$$v_0(1ms) = -2\pi\cos(2\pi \times 10^{-1}) \simeq -5.08$$
$$v_0(5ms) = -2\pi\cos(2\pi \times 5 \times 10^{-1}) \simeq 6.28$$

시뮬레이션 파형과 비교하면 결과가 거의 일치함을 확인할 수 있다. 따라서 본 예제는 100Hz에서 미분기 회로로 동작한다.

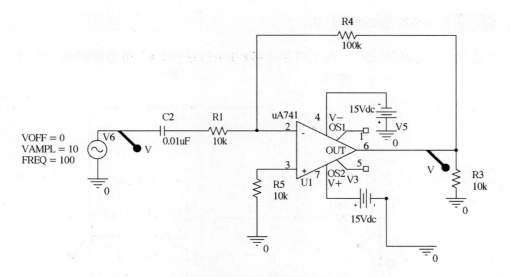

| 그림 15-2 | 정현파 입력에 대한 미분기

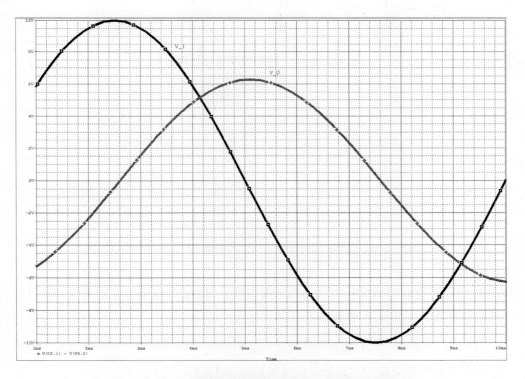

| 그림 15-3 | 정현파 입력에 대한 미분기 시뮬레이션 결과

다음 미분기 회로에서 진폭이 2V 입력 주파수가 1kHz인 구형파에 대한 출력파형을 구하라.

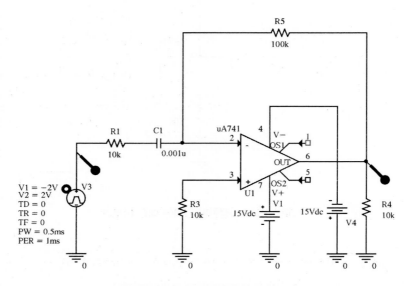

‖ 그림 15-4 ‖ 구형파 입력에 대한 미분기

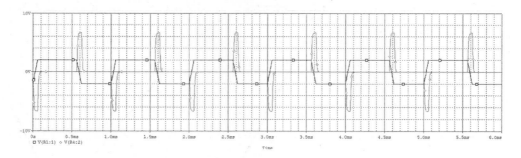

‖ 그림 15-5 ‖ 구형파 입력에 대한 미분기 시뮬레이션 결과(C=0.001uF)

[그림 15-5] 구형파 입력에 대한 미분기 시뮬레이션 결과로부터 구형파 입력에 대하여 출력은 양과 음의 날카로운 임펄스 값이 주기적으로 나타나게 되어 미분기로 동작함을 알 수 있다. [그림 15-4] 구형파 입력에 대한 미분기에서 콘덴서의 값을 0.01uF으로 대체하면 시정수 값의 변화로 날카로운 부분이 무디어지게 된다.

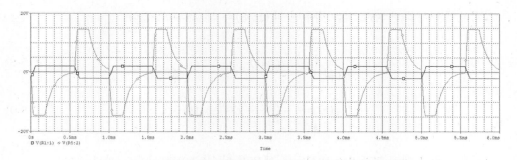

| 그림 15-6 | 구형파 입력에 대한 미분기 시뮬레이션 결과(C=0.01uF)

2.2 적분기

적분기는 [그림 15-7]과 같이 형태는 반전증폭기로 저항 R_2와 콘덴서 C가 병렬로 접속되어있다. 저항 R_2가 없다면 입력신호가 직류 전압일 경우(저주파수) 정상상태에서 콘덴서가 개방이 되어 부궤환이 되지 못하고 연산증폭기가 불안정해진다. 따라서, 이를 보완하기 위하여 콘덴서 C와 병렬로 저항 R_2를 연결하여 직류신호에 대하여 반전 부궤환증폭기$\left(\text{이득}: -\dfrac{R_2}{R_1}\right)$로 동작하고 고주파수에 대하여 적분기로 동작하게 한다. 원활한 적분기로 동작하기 위하여 일반적인 조건은 $R_2 \geqq 10R_1$ 이다.

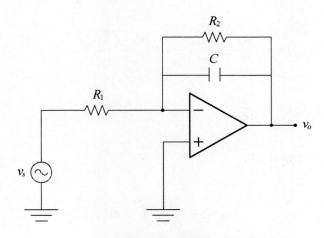

| 그림 15-7 | 적분기

입력과 출력에 대해 KVL 식을 세우면 식 (15-8)과 식 (15-9)와 같다.

$$v_s(t) = R_1 i(t) \tag{15-8}$$

$$i(t) = -\frac{v_o(t)}{R_2} - C\frac{d}{dt}v_o(t) \tag{15-9}$$

입력과 출력에 대해 라플라스 변환식을 세우면 식 (15-10)과 식 (15-11)과 같다.

$$V_s(s) = R_1 I(s) \tag{15-10}$$

$$I(s) = -\frac{V_o(s)}{R_2} - sCV_o(s) \tag{15-11}$$

따라서 전압이득에 대한 라플라스 변환 식을 구하면 다음과 같다.

$$A_v(s) = \frac{V_o(s)}{V_s(s)} = -\frac{\dfrac{R_2}{sCR_2+1}}{R_1} = -\frac{R_2}{R_1}\frac{1}{1+sCR_2} = -\frac{R_2}{R_1}\frac{\dfrac{1}{CR_2}}{s+\dfrac{1}{CR_2}} \tag{15-12}$$

i) $s \gg \dfrac{1}{R_2C}$ 일 경우 즉, $f_{in} > f_c = \dfrac{1}{2\pi R_2C}$: 차단 주파수보다 높은 입력 주파수에 대해

$$A_v(s) = -\frac{R_2}{R_1}\frac{\dfrac{1}{CR_2}}{1+sCR_2} = -\frac{R_2}{R_1}\frac{\dfrac{1}{CR_2}}{s} = -\frac{1}{R_1C}\frac{1}{s}, \ \text{즉}$$

$$V_o(s) = -\frac{V_s(s)}{sCR_1}$$

따라서 라플라스 역 변환하면

$$v_0 = -\frac{1}{R_1C}\int_0^t v_s dt \tag{15-13}$$

가 된다. 이것은 적분기로 동작한다.

ii) $s < \dfrac{1}{R_2C}$ 일 경우 즉, $f_{in} < f_c = \dfrac{1}{2\pi R_2 C}$: 차단 주파수보다 낮은 입력 주파수에 대해

$$A_v(s) = -\frac{R_2}{R_1}\frac{1}{1+sCR_2} = -\frac{R_2}{R_1}$$

가 된다. 이것은 반전 증폭기의 동작 형태이다.

예제 3 정현파에 대한 적분기

다음 적분기 회로에서 진폭이 10V 입력 주파수가 1000Hz인 정현파에 대한 출력파형을 구하라.

풀이

차단 주파수는

$$f_c = \frac{1}{2\pi R_2 C} = \frac{1}{2\pi(10^5)(10^{-7})} = \frac{10^2}{2\pi} \simeq 15.92\,Hz$$

따라서 차단 주파수 $f_c = 15.92Hz$보다 높은 입력 주파수에 대해 적분기로 동작한다. 입력 주파수는 1000Hz이므로 적분기로 동작된다.

출력 전압 식은

$$v_0 = -\frac{1}{R_1 C}\int_0^t v_{in}dt = -\frac{1}{10^4 \times 10^{-7}}\int_0^t 10\sin(2\pi \times 10^3)dt$$

$$= 10^4 \frac{\cos(2\pi \times 10^3)t|-1}{(2\pi \times 10^3)} = \frac{10}{2\pi}\left[\cos(2\pi \times 10^3)t|-1\right]$$

$0.4ms$와 $1ms$에서의 전압값을 구하면

$$v_0(0.4ms) = \frac{10}{2\pi}\left[\cos(2\pi \times 0.4)-1\right] \simeq -2.88\,V$$

$$v_0(1ms) = \frac{10}{2\pi}\left[\cos(2\pi \times 1)-1\right] \simeq 0\,V$$

시뮬레이션 파형과 비교하면 결과가 거의 일치함을 확인할 수 있다. 따라서 본 예제는 1000Hz에서 적분기 회로로 동작한다.

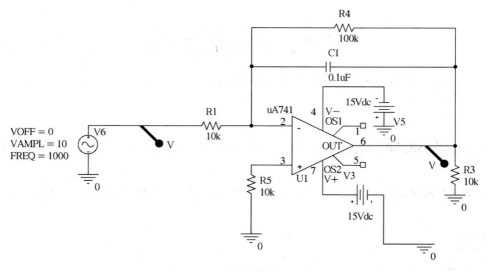

| 그림 15-8 | 정현파 입력에 대한 적분기

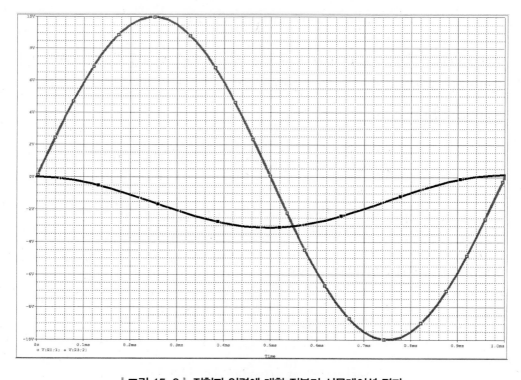

| 그림 15-9 | 정현파 입력에 대한 적분기 시뮬레이션 결과

다음 적분기 회로에서 진폭이 2V 입력 주파수가 1kHz인 구형파에 대한 출력파형을 구하라.

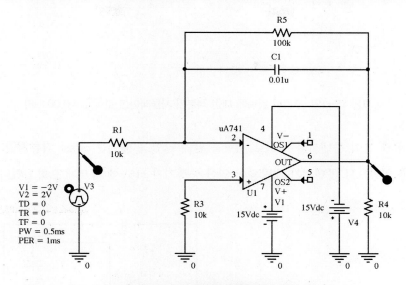

| 그림 15-10 | 구형파 입력에 대한 적분기

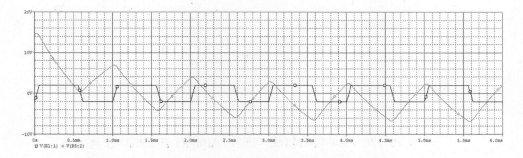

| 그림 15-11 | 구형파 입력에 대한 적분기 시뮬레이션 결과(C = 0.01uF)

[그림 15-11] 구형파 입력에 대한 적분기 시뮬레이션 결과로부터 구형파 입력에 대하여 출력은 삼각파가 주기적으로 나타나게 되어 적분기로 동작함을 알 수 있다. [그림 15-10] 구형파 입력에 대한 적분기에서 콘덴서의 값을 0.001uF으로 대체하면 시정수 값의 변화로 충전속도가 빨라져 삼각파의 정상 끝부분이 무디어지게 된다. 따라서, 원하는 적분기로 동작하기 위해서는 시정수 $R_1 C$의 값을 조정하는 것이 필요하다는 것을 알 수 있다.

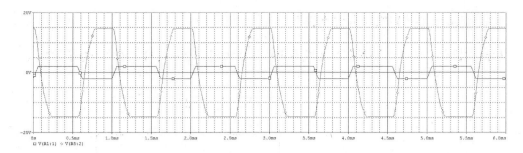

│ 그림 15-12│ 구형파 입력에 대한 적분기 시뮬레이션 결과(C = 0.001uF)

만약 그림과 같이 콘덴서와 병렬로 저항을 달지 않았을 때에는 offset 직류전압과 offset 직류전류 영향으로 콘덴서가 개방되어 연산 증폭기가 −15V에 빠르게 포화되었다.

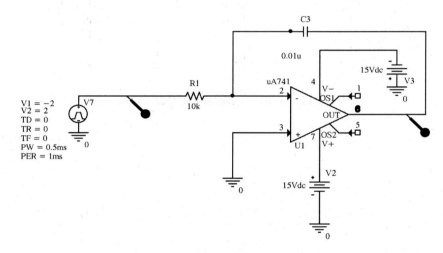

│ 그림 15-13│ 구형파 입력에 대한 적분기 시뮬레이션 결과(병렬저항 제거)

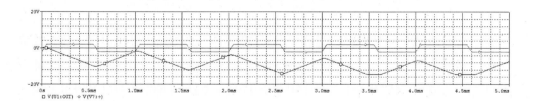

│ 그림 15-14│ 구형파 입력에 대한 적분기 시뮬레이션 결과(병렬저항 제거)

3 실험기기 및 부품

(1) OP AMP : LM324 1개

(2) 저항 : 10k 3개, 100k 각 1개

(3) 콘덴서 : $0.01\mu F$, $0.1\mu F$ 각 1개

(4) 디지털 멀티미터(DMM) 1대

(5) DC POWER SUPPLY 2대

(6) 오실로스코프

4 실험 절차

(1) [그림 15-2]의 미분기 회로를 구성하라.

(2) 입력과 출력신호를 오실로스코프 ch1과 ch2로 각각 측정하고 [그림 15-7]에 그려라. 미분기 회로의 동작을 확인하라.

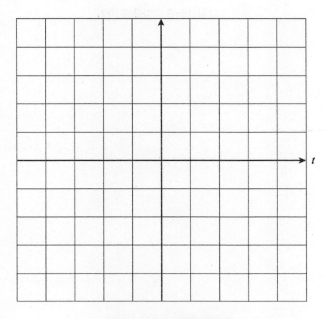

| 그림 15-7 | 입출력 파형

⑶ [그림 15-5]의 적분기 회로를 구성하라.

⑷ 입력과 출력신호를 오실로스코프 ch1과 ch2로 각각 측정하고 [그림 15-8]에 그려라. 적분기 회로의 동작을 확인하라.

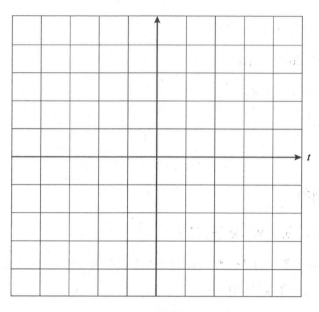

| 그림 15-8 | 입출력 파형

실험 16 : 양안정 멀티바이브레이터

1 실험 목적

① 양안정 멀티바이브레이터의 히시테리시스 동작 특성을 이해한다.

② 구형파 발진 동작을 이해한다.

2 기본 이론

2.1 양안정 멀티바이브레이더 구성

양안정 멀티바이브레이터는 연산 증폭기와 2개의 저항으로 구성되어 있다. 적분기 회로와 결합해 구형파-삼각파변환 회로로 응용될 수 있다. 즉, 적분기의 출력 즉, 삼각파가 v_i에 입력되면 v_o는 구형파가 출력된다.

2.2 비반전단자 입력

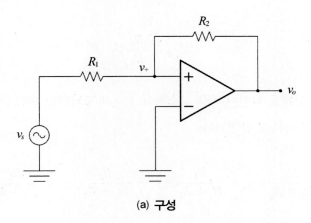

(a) 구성

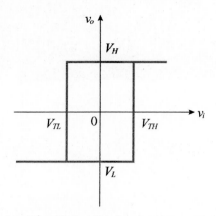

(b) 히시테리시스 곡선

| 그림 16-1 | 양안정 멀티바이브레이터(비반전단자 입력)

[그림 16-1]과 같이 정현파 신호를 비반전단자에 입력했을 때, 출력 전압을 $v_0 = -V_0$ 상태로 가정하고, 입력 전압도 음의 값으로부터 증가하고 있다고 가정한다면

$$V_+ = \frac{R_2}{R_1 + R_2} \times v_i + \frac{R_1}{R_1 + R_2} \times v_o = \frac{R_2}{R_1 + R_2} \times v_i + \frac{R_1}{R_1 + R_2} \times (-V_0)$$

이후 입력이 더욱 증가해서 V_{TH}에 도달하는 순간 즉, $v_+ = 0$이 되는 순간 출력은 $v_0 = +V_0$로 반전된다.

$$0 = \frac{R_2}{R_1 + R_2} \times V_{TH} + \frac{R_1}{R_1 + R_2} \times (-V_0)$$

따라서

$$V_{TH} = \frac{R_1}{R_2} V_0$$

이후 $v_0 = +V_0$ 상태로 입력이 더욱 감소해서 V_{TL}에 도달하는 순간 즉, $v_+ = 0$이 되는 순간 출력은 $v_0 = -V_0$로 반전된다.

$$V_+ = \frac{R_2}{R_1 + R_2} \times v_i + \frac{R_1}{R_1 + R_2} \times v_o = \frac{R_2}{R_1 + R_2} \times v_i + \frac{R_1}{R_1 + R_2} \times (V_0)$$

$$0 = \frac{R_2}{R_1 + R_2} \times V_{TL} + \frac{R_1}{R_1 + R_2} \times V_0$$

$$V_{TL} = -\frac{R_1}{R_2} V_0$$

예제 1 비반전단자 입력

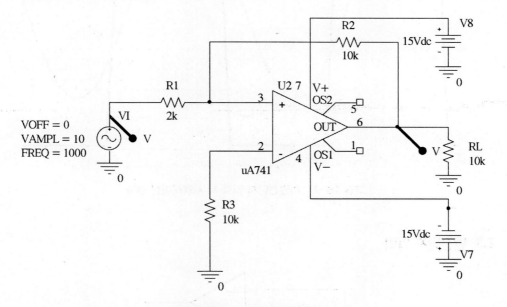

| 그림 16-2 | (예제1) 비반전단자 입력

이론적으로는

$$V_0 = 15 \ V$$

$$V_{TH} = \frac{R_1}{R_2} V_0 = 7.5 \ V$$

$$V_{TL} = -\frac{R_1}{R_2} V_0 = -7.5 \ V$$

가 되어야 한다. 그러나 시뮬레이션 결과는 $V_0 = 14.6 \ V$, $V_{TH} = 5 \ V$, $V_{TL} = -5 \ V$로 관찰된다. 이론치와 시뮬레이션은 다소 차이가 발생한다.

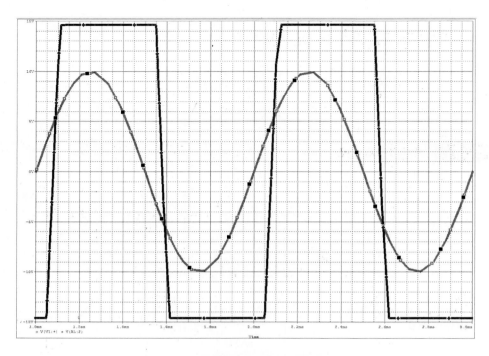

| 그림 16-3 | 비반전단자 입력 시 시뮬레이션 결과

2.3 반전단자 입력

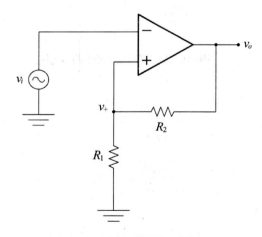

| 그림 16-4 | 양안정 멀티바이브레이터(반전단자 입력)

[그림 16-4]와 같이 정현파 신호를 반전단자에 입력했을 때 출력 전압을 $v_0 = + V_0$ 상태로 가정한다면

$$V_+ = \frac{R_2}{R_1 + R_2} \times V_0 = V_{TH}$$

i) 입력 전압이 증가하기 시작해 V_{TH} 를 지나는 순간 즉,

$$v_{in} > V_{TH} \quad \text{일때} \quad v_0 = -V_0 \text{로 변화}$$

$$V_- = \frac{R_2}{R_1 + R_2} \times (-V_0) = V_{TL} \text{로 변화}$$

ii) 반대로 입력 전압이 감소하기 시작해 V_{TL} 를 지나는 순간 즉,

$$v_{in} < V_{TL} = \frac{R_2}{R_1 + R_2} \times (-V_0) \text{일 때}, \quad v_0 = +V_0 \text{로 변화}$$

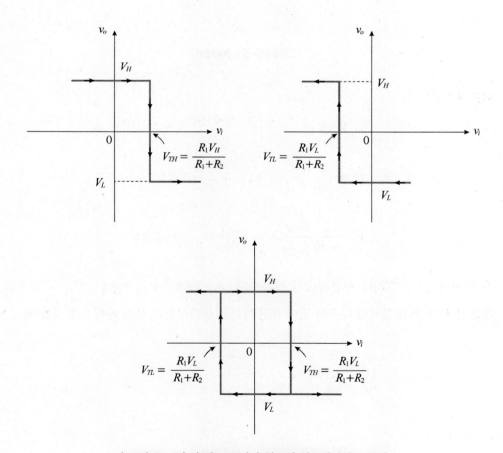

| 그림 16-5 | 슈미트 트리거 회로의 히스테리시스 동작

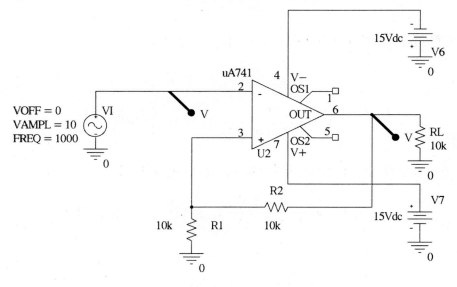

| 그림 16-6 | (예제2)

이론적으로는

$$V_0 = 15\ V$$

$$V_+ = \frac{R_2}{R_1 + R_2} \times V_0 = V_{TH} = 7.5\ V$$

$$V_- = \frac{R_2}{R_1 + R_2} \times (-\ V_0) = V_{TL} = -7.5\ V$$

가 되어야 한다. 그러나 시뮬레이션 결과는 $V_0 = 14.6\ V$, $V_{TH} = 8\ V$, $V_{TL} = -8\ V$로 관찰된다. 비반전 입력의 경우와 같이 이론치와 시뮬레이션은 다소 차이가 발생한다.

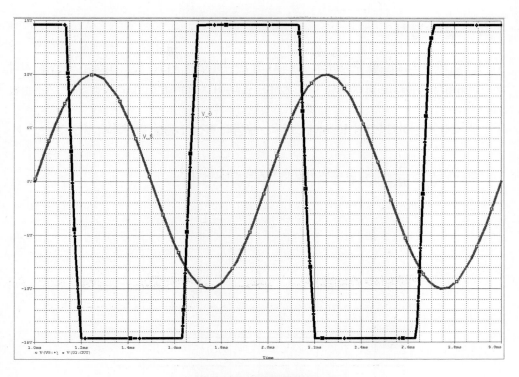

| 그림 16-7 | 시뮬레이션 결과

3 실험기기 및 부품

(1) OP AMP : μA 741 1개

(2) 저항 : 10k 3개, 2k 1개

(3) DC POWER SUPPLY 2대

(4) Function generator 1대

(5) 오실로스코프 1대

4 실험 절차

(1) [그림 16-4]의 회로를 구성하라. $\mu A\,741$의 7번 PIN에는 +15V, 4번 PIN에는 −15V를 각각 인가하라. 입력신호의 진폭을 10V, 주파수 1kHz인 정현파를 인가하라. 입출력 전압 파형을 각각 측정하고 [그림 16-8]에 그려라. 구형파 발진이 됨을 확인하라. $V_{TH} = \dfrac{R_1}{R_2}\,V_0$ 및 $V_{TL} = -\dfrac{R_1}{R_2}\,V_0$ 값을 확인하고 이론치와 비교하라.

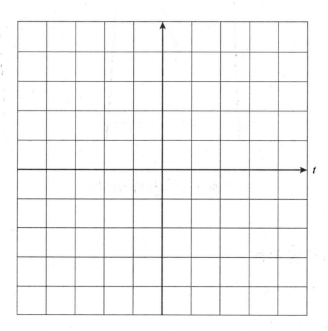

| 그림 16-8 | 입력 및 출력 전압 파형

(2) [그림 16-6]의 회로를 구성하라. $\mu A\,741$의 7번 PIN에는 +15V, 4번 PIN에는 −15V를 각각 인가하라. 입력신호의 진폭을 10V, 주파수 1kHz인 정현파를 인가하라. 입출력 전압 파형을 각각 측정하고 [그림 16-9]에 그려라. 구형파 발진이 됨을 확인하라. $V_+ = \dfrac{R_2}{R_1 + R_2} \times V_0$ 및 $V_- = \dfrac{R_2}{R_1 + R_2} \times (-\,V_0)$의 값을 확인하고 이론치와 비교하라.

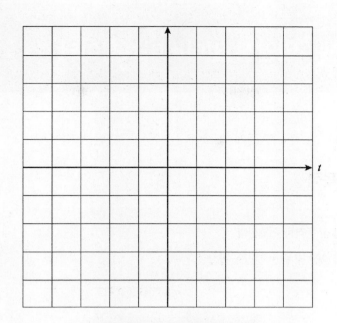

| 그림 16–9 | 입력 및 출력 전압 파형

1 실험 목적

① 구형파 발진 동작을 이해한다.

② 콘덴서의 충전 및 방전 전압을 관찰한다.

2 기본 이론

2.1 비안정 멀티바이브레이터 동작

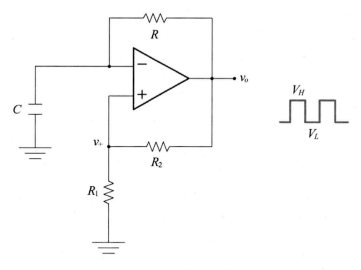

| 그림 17-1 | 비안정 멀티바이브레이터

양안정 멀티바이브레이터에 RC 회로를 추가함으로써 RC 충전 및 방전 특성을 이용해 구형파 발진기로 동작하며 디지털 회로 시스템에 이용된다.

특히 외부 공급원이 없이 구형파 발진이 이루어지고, 발진 주파수는 순전히 커페시터의 충전 및 방전 동작에 의해 결정된다.

$$v_+ = \frac{R_1}{R_1 + R_2} v_0$$

i) $v_0 = V_H$ case : $v_+ = \dfrac{R_1}{R_1 + R_2} V_H = \beta V_H$

i) $v_0 = V_L$ case : $v_+ = \dfrac{R_1}{R_1 + R_2} V_L = \beta V_L$

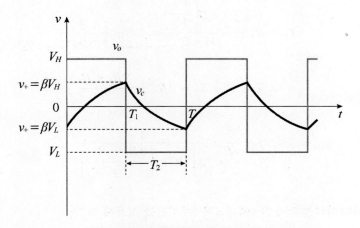

| 그림 17-2 | 비안정 멀티바이브레이터 동작

(1) T_1 구간 : 충전

$$v_c(t) = V_H + Ae^{-t/RC}$$

$$v_c(0) = V_H + A = \beta V_L \quad A = \beta V_L - V_H$$

$$\therefore v_c(t) = V_H + (\beta V_L - V_H)e^{-t/RC}$$

$$v_c(T_1) = V_H + (\beta V_L - V_H)e^{-T_1/RC} = \beta V_H$$

$$T_1 = RC\ln\frac{1 - \beta\left(\dfrac{V_L}{V_H}\right)}{1 - \beta} = RC\ln\frac{1 + \beta}{1 - \beta}$$

(2) T_2구간 : 방전

$$v_c(t) = V_L + Ae^{-t/RC}$$

$$v_c(0) = V_L + A = \beta V_H \quad A = \beta V_H - V_L$$

$$\therefore v_c(t) = V_L + (\beta V_H - V_L)e^{-t/RC}$$

$$v_c(T_2) = V_L + (\beta V_H - V_L)e^{-T_2/RC} = \beta V_L$$

$$T_2 = RC\ln\frac{1 - \beta\left(\dfrac{V_H}{V_L}\right)}{1 - \beta} = RC\ln\frac{1 + \beta}{1 - \beta}$$

$$\therefore T = T_1 + T_2 = 2RC\ln\frac{2R_1 + R_2}{R_2}$$

$$\therefore f = \frac{1}{T} = \frac{1}{2\left[RC\ln\left(\dfrac{2R_1 + R_2}{R_2}\right)\right]}$$

이제 실제 파라미터를 적용한 (예제1)과 (예제2)를 적용해 보자.

예제 1

(예제1)의 파라미터들을 이론 발진 주파수에 대입해 구해보면

발진 주파수는

$$f = \frac{1}{T} = \frac{1}{2\left[RC\ln\left(\dfrac{2R_1 + R_2}{R_2}\right)\right]} \simeq 4.55\,kHz$$

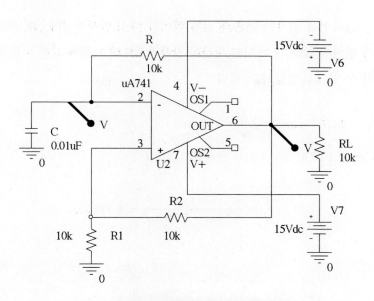

| 그림 17-3 | 비안정 멀티바이브레이터 회로

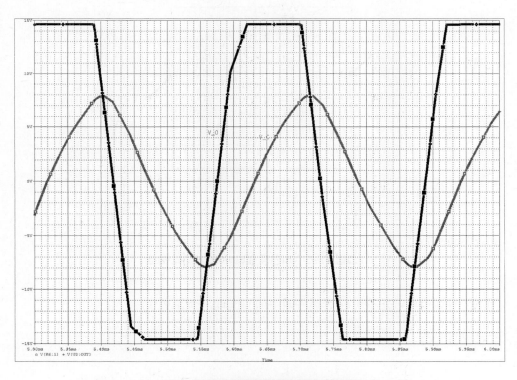

| 그림 17-4 | (예제1)의 시뮬레이션 결과

(예제1)의 시뮬레이션 결과는 이론과 실제 차이가 다소 발생하였다. 즉, 콘덴서의 전압은 급격하게 변하지 않고 다소 지연 시간이 발생함으로써 아래와 같이 이론치와 다른 수치를 관찰할 수 있다고 말할 수가 있다.

i) $v_0 = V_H = 14.7\ V$ case : $v_+ = +8\ V$

ii) $v_0 = V_L = -14.7\ V$ case : $v_- = -8\ V$

$$f = \frac{1}{T} = \frac{1}{5.7ms - 5.39\,ms} \simeq 3.225\,kHz$$

예제 2

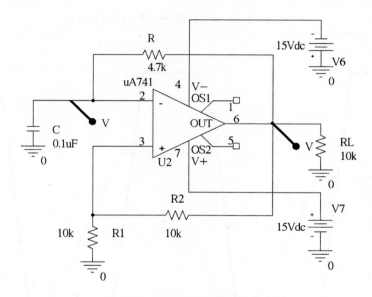

| 그림 17-5 | 비안정 멀티바이브레이터 회로

(예제2)의 파라미터들을 이론 발진 주파수에 대입해 구해보면

발진 주파수는

$$f = \frac{1}{T} = \frac{1}{2\left[4.7 \times 10^3 \times 0.1 \times 10^{-6} \ln(3)\right]} \simeq \frac{10^4}{10.327} \simeq 968\,Hz$$

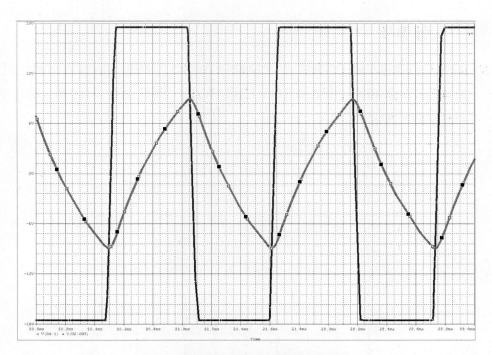

‖ 그림 17-6 ‖ (예제2)의 시뮬레이션 결과

i) $v_0 = V_H = 14.7\,V$ case : $v_+ = +7.5\,V$

ii) $v_0 = V_L = -14.7\,V$ case : $v_- = -7.5\,V$

$$f = \frac{1}{T} = \frac{1}{21.6\,ms - 20.5\,ms} \simeq 909\,Hz$$

3 실험기기 및 부품

(1) OP AMP : $\mu A\,741$ 1개

(2) 저항 : 10k 4개, 4.7k 1개

(3) 콘덴서 : $0.01\mu F$, $0.1\mu F$ 각 1개

(4) 디지털 멀티미터(DMM) 1대

(5) DC POWER SUPPLY 1대

(6) 디지털 오실로스코프

4 실험 절차

(1) [그림 17-3]의 회로를 구성하라. 7번 PIN에는 +15V, 4번 PIN에는 −15V를 인가하라. 콘덴서의 전압과 출력단자 전압을 측정하고 [그림 17-7]에 그려라. 발진 주파수를 구하라. 충방전 특성을 조사하라.

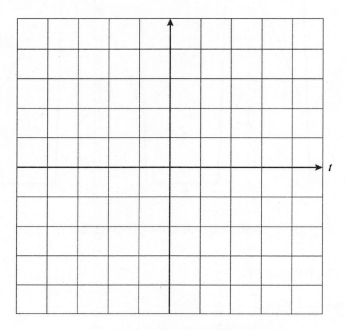

┃ 그림 17-7 ┃ 콘덴서의 전압과 출력단자 전압

(2) [그림 17-5]의 회로를 구성하라. 7번 PIN에는 +15V, 4번 PIN에는 −15V를 인가하라. 콘덴서의 전압과 출력단자 전압을 측정하고 [그림 17-8]에 그려라. 발진 주파수를 구하라. 충방전 특성을 조사하라.

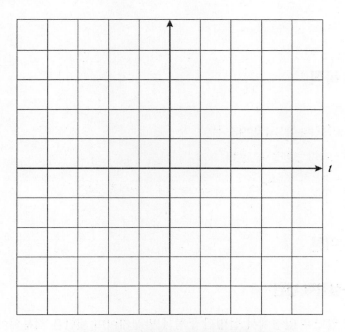

| 그림 17-8 | 콘덴서의 전압과 출력단자 전압

1   실험 목적

① 구형파 발생기의 특성을 이해한다.

② 구형파–삼각파 변환을 이해한다.

2   기본 이론

2.1 구형파-삼각파 변환

[그림 18-1]의 앞단은 앞장에서 설명된 구형파 발생기이며 뒷단은 적분기이며 구형파 발생기 출력 $v_s(t)$을 입력으로 받아서 적분을 수행함으로써 삼각파가 출력이 되어진다.

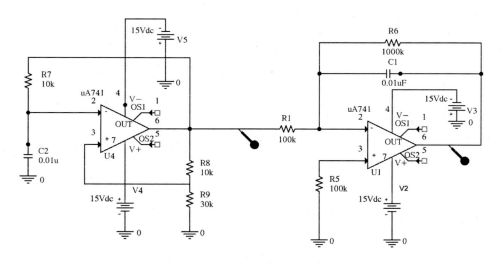

| 그림 18-1 | 구형파→삼각파 변환

$v_s(t)$가 $+ V_{sat}$즉 +15V로 포화되었다고 가정하면 적분기 출력 $v_o(t)$ 및 출력의 첨두치 전압 $V_{o(pp)}$는 각각 다음과 같다:

$$V_o(t) = - \frac{1}{R_1 C_1} \int V_s(t) dt$$

$$V_{o(pp)} = - \frac{1}{R_1 C_1} \int_o^{T/2} V_{sat} dt = \frac{V_{sat} T}{2 R_1 C_1}$$

한편 구형파 발생기의 궤환량 β는 $\beta = \dfrac{R_1}{R_1 + R_f}$ 이므로

$$\beta V_H = \frac{R_1}{R_1 + R_f} V_{sat} = \frac{30k}{30k + 10k} \times 15 = 11.25\, V$$

이며, 발진 주파수는

$$f = \frac{1}{T} = \frac{1}{2\tau \ln\left(1 + 2\dfrac{R_1}{R_f}\right)} = \frac{1}{2RC\ln\left(1 + 2\dfrac{R_1}{R_f}\right)} = \frac{1}{2 \times 10k \times 0.01uF \times \ln(7)} = 2570 Hz$$

이다. 따라서, 출력 전압의 첨두치는

$$V_{o(pp)} = \frac{1}{R_1 C_1} \int_0^{T/2} V_{sat} dt = \frac{V_{sat} T}{2 R_1 C_1} = \frac{V_{sat}}{2 R_1 C_1} \times 2RC\ln\left(1 + 2\frac{R_2}{R_f}\right) = \frac{V_{sat}}{10} \ln\left(1 + 2\frac{R_1}{R_f}\right)$$

$$\therefore V_{o(pp)} = \frac{15}{10} \times \ln 7 = 2.92\, V$$

한편 적분기의 차단 주파수 f_c는

$$f_c = \frac{1}{2\pi R_f C_1} = \frac{1}{2\pi \times 1000k \times 0.01uF} = \frac{100}{2\pi} = 15.92 Hz$$

이며, $f \gg f_c$ 이므로 적분기로 동작한다.

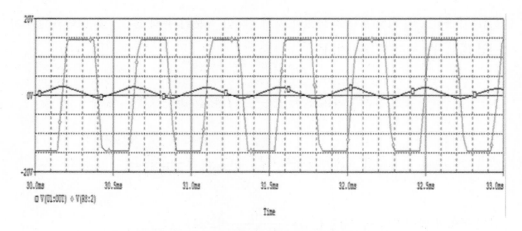

| 그림 18-2 | 구형파→삼각파 변환 시뮬레이션 결과

3 실험기기 및 부품

(1) OP AMP : $\mu A741$ 2개

(2) 저항 : 1M 1개, 100k 2개, 10k 2개, 30k 1개

(3) 콘덴서 : $0.01\mu F$ 2개

(4) DC POWER SUPPLY 2대

(5) 오실로스코프

4 실험 절차

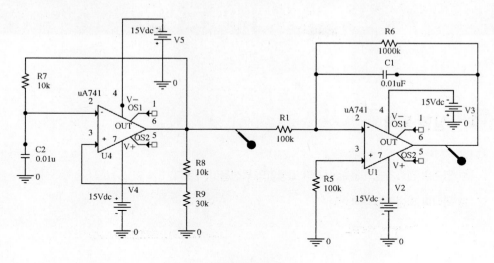

| 그림 18-3 |

(1) [그림 18-3] 회로를 구성하라.

(2) 오실로스코프 ch1, ch2로 1단 및 2단의 출력 전압 파형을 관찰하고 [그림 18-4]에 그려라.
발진 주파수와 첨두치 전압을 각각 측정하고 이론치와 비교하라.

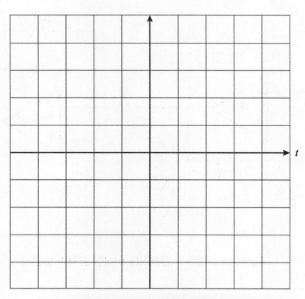

| 그림 18-4 | 1단 및 2단의 출력 전압 파형

실험 19 : 영준위 검출기를 이용한 삼각파 및 톱니파 발생기

1 실험 목적

① 영준위 검출기를 이용한 삼각파 발생기의 특성을 이해한다.

② 톱니파 발생기를 이해한다.

2 기본 이론

2.1 영준위 검출기를 이용한 삼각파 발생기

[그림 19-1]의 앞단은 영준위 검출기이며 뒷단은 적분기이다.

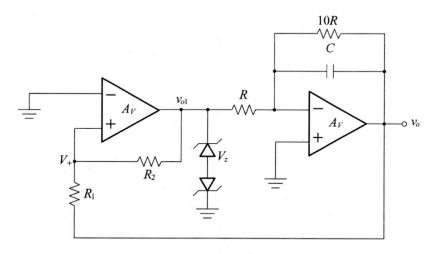

| 그림 19-1 | 영준위 검출기를 이용한 삼각파 발생기

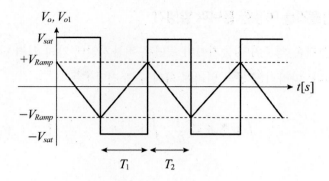

|| 그림 19-2 || 1단과 2단의 출력 파형

$v_{o1}(t)$가 $+V_{sat}$즉 +15V로 포화되었다고 가정하면 적분기 출력 $v_o(t)$은 적분기 동작에 의해 직선적으로 $v_o(t) = - V_{Ramp}$가 될 때까지 계속 감소된다.

$$V_+ = \frac{R_1}{R_1 + R_2}(V_{sat}) + \frac{R_2}{R_1 + R_2}(- V_{Ramp}) = 0$$

일 때 영준위 비교기 동작에 의해 $v_{o1}(t)$의 출력은 $- V_{sat}$로 상태가 변화된다. 따라서,

$$V_{Ramp} = \frac{R_1}{R_2} V_{sat}, \quad V_{o(pp)} = 2 V_{Ramp} = 2\frac{R_1}{R_2} V_{sat}$$

가 된다. 한편

$$V_{o(pp)} = \frac{1}{RC}\int_{o}^{T/2} V_{sat}dt = \frac{V_{st} T}{2RC}$$

에 의하여

$$T = 2RC\frac{V_{o(pp)}}{V_{sat}} = 2RC \times 2\frac{R_1}{R_2} = \frac{4RCR_1}{R_2}$$

이다. 따라서, 발진 주파수 f는

$$f = \frac{1}{T} = \frac{R_2}{4RCR_1}$$

2.2 영준위 검출기를 이용한 톱니파 발생기

[그림 19-3]의 앞단은 영준위 검출기이며 뒷단은 적분기인데 양의 입력 단자에 V_{ref} 전압을 인가한 것이다. 따라서 중첩의 원리에 의해 출력 전압 v_o 는

$$V_o(t) = -\frac{1}{RC}\int V_{sat}dt + \frac{1}{RC}\int V_{ref}dt = -\frac{1}{Rc}(V_{sat} - V_{ref})t$$

가 된다.

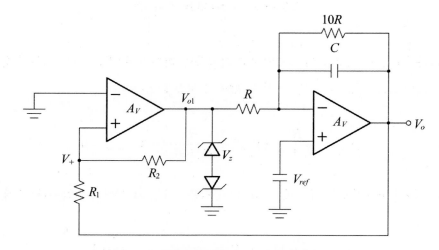

| 그림 19-3 | 영준위 검출기를 이용한 톱니파 발생기

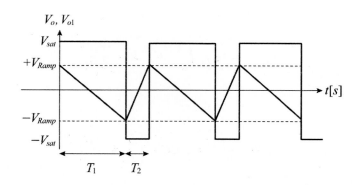

| 그림 19-4 | 1단과 2단의 출력 파형

[그림 19-4]에서 톱니파가 발생되는 과정은 다음과 같다:

$$V_o(T_1) = V_{ramp} - \frac{1}{RC}\int_o^{T_1}(V_{sat} - V_{ref})dt = V_{ramp} - \frac{1}{RC}(V_{sat} - V_{ref})T_1 = -V_{ramp}$$

$$V_o(T_1 + T_2) = -V_{ramp} - \frac{1}{RC}\int_{T_1}^{T_1 + T_2}(-V_{sat} - V_{ref})dt$$

$$= -V_{ramp} - \frac{1}{RC}(-V_{sat} - V_{ref})T_2 = V_{ramp}$$

$$T_1 = \frac{2RCV_{ramp}}{V_{sat} - V_{ref}}$$

$$T_2 = \frac{2RCV_{ramp}}{V_{sat} + V_{ref}}$$

$V_{Ref} > 0$이면 $T_1 > T_2$가 되고, 반대로 $V_{Ref} < 0$이면 $T_2 > T_1$이 된다.

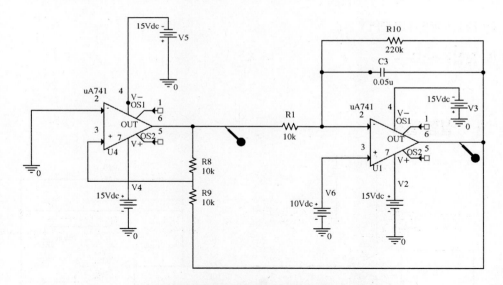

| 그림 19-5 | 영준위 검출기를 이용한 톱니파 발생기

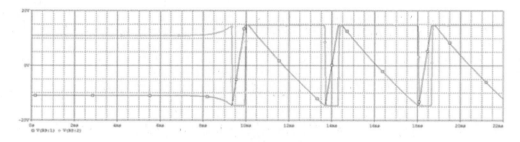

| 그림 19-6 |

3 실험기기 및 부품

(1) OP AMP : $\mu A741$ 2개

(2) 저항 : 10k 3개, 220k 1개

(3) 콘덴서 : $0.01\mu F$, $0.05\mu F$, $0.1\mu F$ 각 1개

(4) DC POWER SUPPLY 2대

(5) 오실로스코프

4 실험 절차

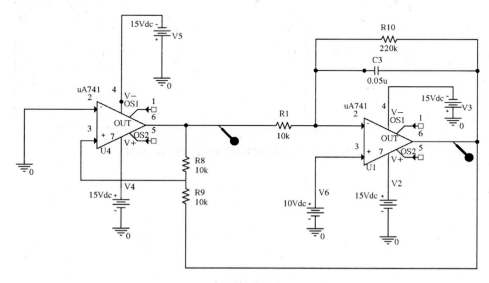

| 그림 19-7 |

⑴ [그림 19-7] 회로를 구성하라.

⑵ 오실로스코프 ch1, ch2로 1단 및 2단의 출력 전압 파형을 관찰하고 [그림 19-8]에 그려라.
발진 주파수와 첨두치 전압을 각각 측정하고 이론치와 비교하라.

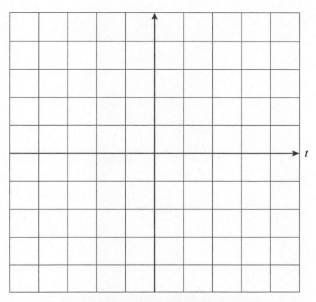

| 그림 19-8 | 1단 및 2단의 출력 전압 파형

⑶ V_{ref}의 값을 -10[V]로 변경하고 1단 및 2단의 출력 전압 파형을 관찰하라.

⑷ V_{ref}의 값을 0[V]로 변경하고 1단 및 2단의 출력 전압 파형을 관찰하라.

⑸ [그림 19-7] 회로에서 $0.05\mu F$을 $0.01\mu F$으로 대체하여 1단 및 2단의 출력 전압 파형을
관찰하라.

⑹ [그림 19-7] 회로에서 $0.05\mu F$을 $0.1\mu F$으로 대체하여 1단 및 2단의 출력 전압 파형을
관찰하라.

Part 4

필터 및 발진 회로 실험

실험 20 : 저역 통과 필터

1 실험 목적

① 극점(pole)의 개수에 따른 1차 및 2차 저역 통과 필터 동작을 이해한다.

② 차단 주파수 및 댐핑 지수(damping factor)ξ 의 변화에 따른 주파수 특성을 이해한다.

2 기본 이론

2.1 1차 저역 통과 필터(single pole Low Pass Filter)

저역 통과 필터는 낮은 주파수 성분은 통과시키고 높은 주파수 성분은 차단시키는 필터이다. [그림 20-1]에 나타난 바와 같이 차단주파수를 경계로 그 이전의 주파수 성분은 통과시키고, 그 이후의 주파수 성분은 서서히 감소하게 된다. [그림 20-1]에서 입력 전압$v_i(t)$과 출력 전압$v_o(t)$에 대해 라플라스 변환식을 세우면 각각 식 (20-1) 및 (20-2)와 같다.

$$V_i(s) = R_1 I(s) \tag{20-1}$$

$$V_o(s) = -\frac{R_2 \times \dfrac{1}{sC}}{R_2 + \dfrac{1}{sC}} I(s) = -\frac{R_2}{sCR_2 + 1} I(s) \tag{20-2}$$

따라서 전달함수는 다음과 같다.

$$A_v(s) = -\frac{R_2}{R_1} \frac{1}{1 + sCR_2} = -\frac{R_2}{R_1} \frac{\dfrac{1}{CR_2}}{s + \dfrac{1}{CR_2}} \tag{20-3}$$

이때 차단 주파수는

$$f_c = \frac{1}{2 \pi R_2 C} \qquad\qquad (20\text{-}4)$$

가 된다.

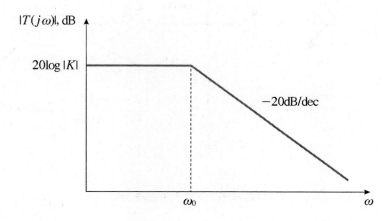

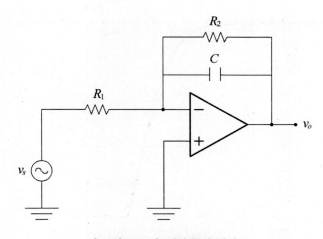

| 그림 20-1 | 저역 통과 필터

예제 1 1차 저역 통과 필터

$R_1 = 4.7k$, $R_2 = 47k$, $C = 0.01\mu F$일 경우 차단 주파수는

$$f_c = \frac{1}{2 \pi R_2 C} = \frac{1}{2 \pi (47k)(0.01\mu)} \simeq 339 Hz$$

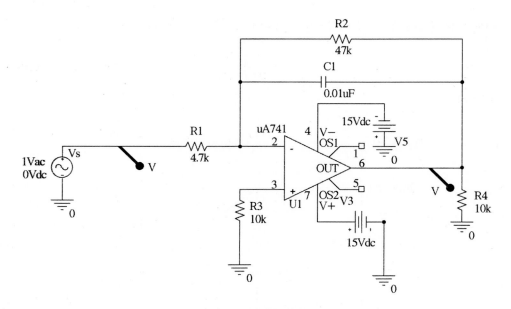

| 그림 20-2 | 1차 저역 통과 필터

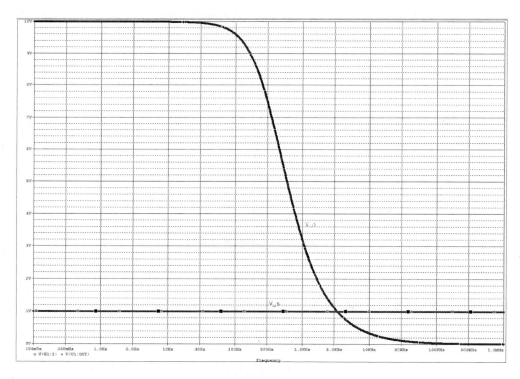

| 그림 20-3 | 1차 저역 통과 필터 시뮬레이션 결과

2.2 2차 저역 통과 필터(double pole Low Pass Filter)

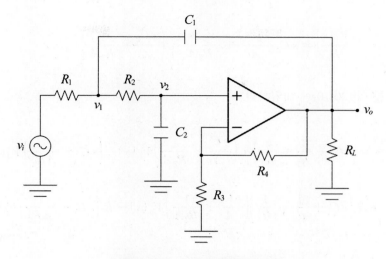

| 그림 20-4 | 2차 저역 통과 필터

[그림 20-4]에서 절점 1과 2에서 각각 라플라스 변환 연산식에 대한 KCL 방정식을 세우면 식 (20-5) 및 식 (20-6)과 같다.

$$\frac{V_s(s) - V_1(s)}{R_1} = s\,C_1\big(V_1(s) - V_o(s)\big) + \frac{V_1(s) - V_2(s)}{R_2} \qquad (20\text{-}5)$$

$$\frac{V_1(s) - V_2(s)}{R_2} = s\,C_2\,V_2(s) \qquad (20\text{-}6)$$

한편 전압 분배법칙에 의해

$$V_2(s) = \frac{R_3}{R_3 + R_4}\,V_o(s) \qquad (20\text{-}7)$$

즉,

$$\frac{V_o(s)}{V_2(s)} = 1 + \frac{R_4}{R_3} = A \qquad (20\text{-}8)$$

관계식을 얻게 된다. 식 (20-8)을 식 (20-5)와 식 (20-6)에 각각 대입해 단순화하면 식 (20-9)와 식 (20-10)을 얻게 된다.

$$\frac{V_s(s)}{R_1} = \left(s\,C_1 + \frac{1}{R_1} + \frac{1}{R_2}\right)V_1(s) - \left(s\,C_1 + \frac{1}{A\,R_2}\right)V_o(s) \tag{20-9}$$

$$\frac{V_1(s)}{R_2} = s\,C_2\frac{V_o(s)}{A} + \frac{V_o(s)}{R_2A} = \left(\frac{s\,C_2}{A} + \frac{1}{R_2A}\right)V_o(s) \tag{20-10}$$

식 (20-9)를 식 (20-10)에 대입하면

$$\frac{V_s(s)}{R_1} = \left(s\,C_1 + \frac{1}{R_1} + \frac{1}{R_2}\right)R_2\left(\frac{s\,C_2}{A} + \frac{1}{R_2A}\right)V_o(s) - \left(s\,C_1 + \frac{1}{A\,R_2}\right)V_o(s) \tag{20-11}$$

$$V_s(s) = R_1R_2\left(s\,C_1 + \frac{1}{R_1} + \frac{1}{R_2}\right)\left(\frac{s\,C_2}{A} + \frac{1}{R_2A}\right)V_o(s) - R_1\left(s\,C_1 + \frac{1}{A\,R_2}\right)V_o(s) \tag{20-2}$$

전달함수 $\dfrac{V_o(s)}{V_s(s)}$ 를 구하면

$$\frac{V_o(s)}{V_s(s)} = \cfrac{1}{R_1R_2\left(s\,C_1 + \dfrac{1}{R_1} + \dfrac{1}{R_2}\right)\left(\dfrac{s\,C_2}{A} + \dfrac{1}{R_2A}\right) - R_1\left(s\,C_1 + \dfrac{1}{A\,R_2}\right)}$$

$$= \cfrac{1}{R_1R_2\left(s^2\dfrac{C_1C_2}{A} + \dfrac{s\,C_1}{R_2A} + \left(\dfrac{1}{R_1} + \dfrac{1}{R_2}\right)\dfrac{s\,C_2}{A} + \dfrac{1}{R_1R_2A}\right) - s\,C_1R_1}$$

$$= \cfrac{\dfrac{A}{R_1R_2C_1C_2}}{s^2 + \left[\dfrac{1}{R_1C_1} + \dfrac{1}{R_2C_2} + \dfrac{1}{R_2C_1}(1-A)\right]s + \dfrac{1}{R_1R_2C_1C_2}} \tag{20-13}$$

$$\frac{V_o(s)}{V_s(s)} = \frac{K\omega_o^2}{s^2 + 2\xi\omega_o s + \omega_o^2} \tag{20-14}$$

$$\omega_o = \sqrt{\frac{1}{R_1R_2C_1C_2}} \tag{20-15}$$

$$\xi = \frac{\dfrac{1}{R_1 C_1} + \dfrac{1}{R_2 C_2} + \dfrac{1}{R_2 C_1}(1-A)}{2\sqrt{\dfrac{1}{R_1 R_2 C_1 C_2}}} \qquad (20\text{-}16)$$

예제 2 2차 저역 통과 필터

$R_1 = 4.7k$, $R_1 = R_2 = 4.7k$, $C_1 = C_2 = 0.01\mu F$ $R_3 = R_4 = 10k$일 경우

$$A = 1 + \frac{R_4}{R_3} = 2 \qquad \xi = \frac{3-A}{2} = \frac{1}{2}$$

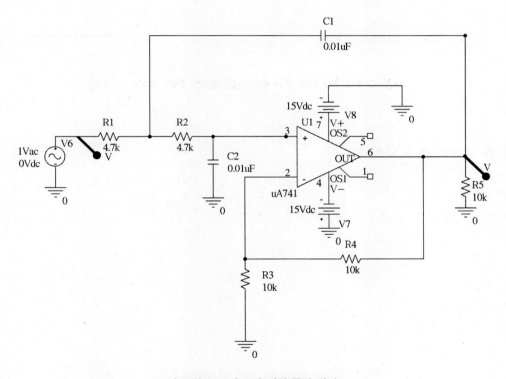

| 그림 20-5 | 2차 저역 통과 필터

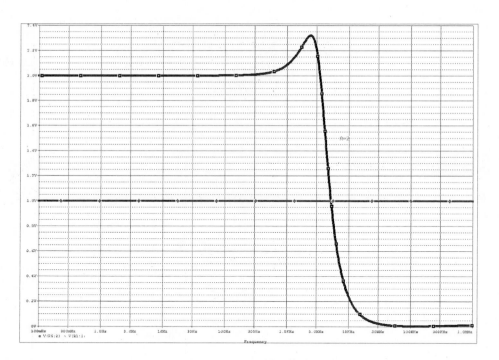

| 그림 20-6 | 2차 저역 통과 필터 시뮬레이션 결과 $A = 2$, $\xi = \dfrac{1}{2}$

$R_3 = 10k$, $R_4 = 5k$이면

$$A = 1 + \frac{R_4}{R_3} = \frac{3}{2} \quad \xi = \frac{3 - \dfrac{3}{2}}{2} = \frac{3}{4}$$

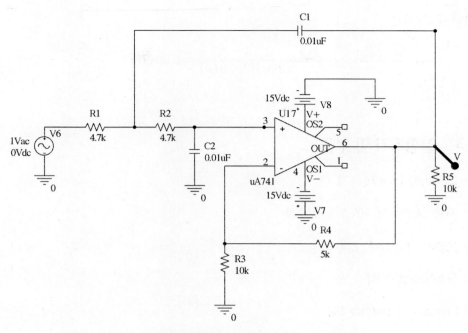

| 그림 20-7 | 2차 저역 통과 $A = \dfrac{3}{2}$, $\xi = \dfrac{3}{4}$

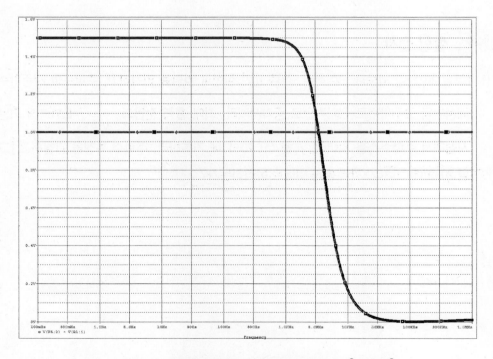

| 그림 20-8 | 2차 저역 통과 시뮬레이션 결과 $A = \dfrac{3}{2}$, $\xi = \dfrac{3}{4}$

차단 주파수는

$$f_c = \frac{1}{2\pi(4.7k)(0.01\mu)} \simeq 3.39kHz$$

3 실험기기 및 부품

(1) OP AMP : $\mu A741$ 1개

(2) 저항 : 4.7k 2개, 10k 3개, 5k 1개

(3) 콘덴서 : $0.01\mu F$ 2개

(4) 오실로스코프 1대

(5) Function generator 1대

(6) DC 전원공급기

4 실험 절차

(1) [그림 20-2]의 회로를 구성하라. 진폭 1[V] 정현파 입력을 인가하고, 주파수를 저주파수
에서부터 고주파수로 점차적으로 증가시켜라. 최대 출력 전압의 $\frac{1}{\sqrt{2}} = 0.707$배 되는
시점에서 주파수 f_c를 읽어라. f_c를 〈표 20-1〉에 기록하라. 주파수 특성을 관찰하고 [그
림 20-9]에 그려라. 저역 통과 필터로 동작하는가?

│ 그림 20-9 │ 1차 저역 통과 필터의 주파수 특성

(2) [그림 20-5]의 회로를 구성하라. 진폭 1[V] 정현파 입력을 인가하고, 주파수를 저주파수에서부터 고주파수로 점차적으로 증가시켜라. 최대 출력 전압의 $\dfrac{1}{\sqrt{2}} = 0.707$배 되는 시점에서 주파수 f_c를 읽어라. f_c를 〈표 20-1〉에 기록하라. 주파수 특성을 관찰하고 [그림 20-10]에 그려라.

│ 그림 20-10 │ 2차 저역 통과 필터의 주파수 특성 $\left(\xi = \dfrac{1}{2} \right)$

⑶ [그림 20-7]의 회로를 구성하라. 진폭 1[V] 정현파 입력을 인가하고, 주파수를 저주파수에서부터 고주파수로 점차적으로 증가시켜라. 최대 출력 전압의 $\frac{1}{\sqrt{2}} = 0.707$배 되는 시점에서 주파수 f_c를 읽어라. f_c를 〈표 20-1〉에 기록하라. 주파수 특성을 관찰하고 [그림 20-11]에 그려라.

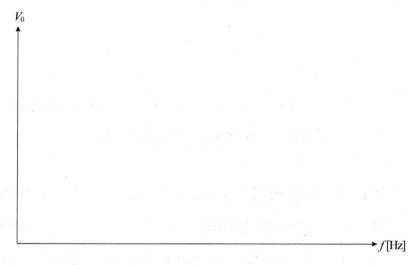

|그림 20-11| 2차 저역 통과 필터의 주파수 특성 $\left(\xi = \frac{3}{4} \right)$

|표 20-1| 차단 주파수 f_c 비교

case	차단 주파수 f_c(계산치)	차단 주파수 f_c(측정치)
⑴		
⑵		
⑶		

실험 21 : 고역 통과 필터

1 실험 목적

① 고역 통과 필터 동작을 이해한다.
② 차단 주파수 및 주파수 특성을 구한다.

2 기본 이론

2.1 1차 고역 통과 필터

고역 통과 필터는 낮은 주파수 성분은 차단시키고 높은 주파수 성분은 통과시키는 필터이다. [그림 21-1]에 나타난 바와 같이 차단 주파수를 경계로 그 이전의 주파수 성분은 서서히 감소하고, 그 이후의 주파수 성분은 통과시킨다. [그림 21-1]에 대해 입력 전압 $v_i(t)$과 출력 전압 $v_o(t)$에 대해 라플라스 변환식을 세우면

$$V_i(s) = \left(R_1 + \frac{1}{s\,C} \right) I(s) \tag{21-1}$$

$$V_o(s) = -\,R_2 I(s) \tag{21-2}$$

따라서 전달함수 식은 다음과 같다.

$$A_v(s) = \frac{V_o(s)}{V_i(s)} = -\,\frac{R_2}{R_1 + \dfrac{1}{s\,C}} = -\,\frac{R_2}{R_1} \frac{s}{s + \dfrac{1}{R_1 C}} \tag{21-3}$$

이때 차단 주파수는

$$f_c = \frac{1}{2\pi R_1 C} \qquad (21\text{-}4)$$

이다.

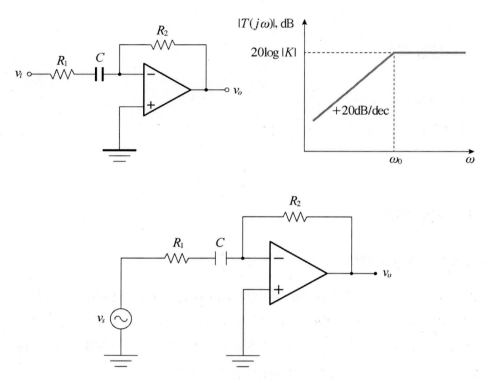

| 그림 21-1 | 1차 고역 통과 필터

예제 1   1차 고역 통과 필터

$R_1 = 10k$, $R_2 = 47k$, $C = 0.01\mu F$ 일 경우 차단 주파수는

$$f_c = \frac{1}{2\pi R_1 C} = \frac{1}{2\pi (10k)(0.01\mu)} \simeq 1.592 kHz$$

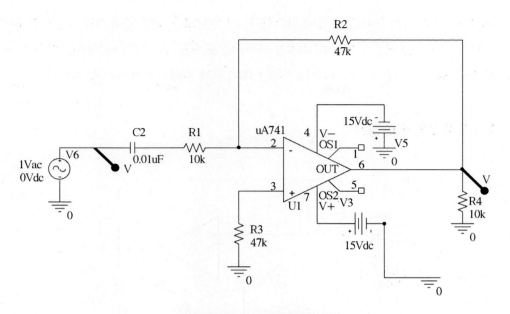

| 그림 21-2 | 1차 고역 통과 필터

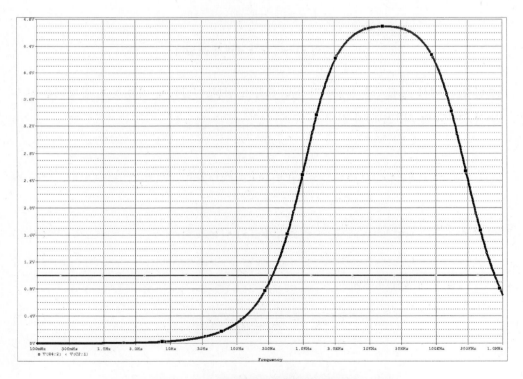

| 그림 21-3 | 1차 고역 통과 필터 시뮬레이션 결과

20kHz 이상에서는 주파수 응답이 감소한다. 이것은 모든 연산 증폭기가 고주파수에서 증폭기의 응답을 제한시키는 RC 회로를 내부적으로 포함하고 있기 때문이다. 따라서 고역 통과 필터는 매우 넓은 대역폭을 가지는 대역 통과 필터라고 보아야 할 것이다.

2.2 2차 고역 통과 필터

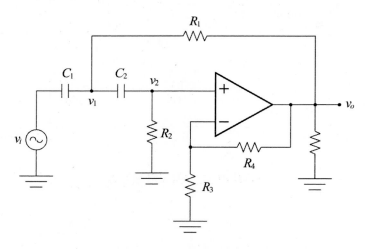

| 그림 21-4 | 2차 고역 통과 필터

[그림 21-4]에서 절점 1과 2에서 각각 라플라스 변환 연산식에 대한 KCL 방정식을 세우면 식 (21-5) 및 식 (21-6)과 같다.

$$s C_1 \left(V_s(s) - V_1(s) \right) = s C_2 \left(V_1(s) - V_2(s) \right) + \frac{V_1(s) - V_o(s)}{R_1} \tag{21-5}$$

$$\frac{V_2(s)}{R_2} = s C_2 \left(V_1(s) - V_2(s) \right) \tag{21-6}$$

한편, 전압 분배법칙에 의해

$$V_2(s) = \frac{R_3}{R_3 + R_4} V_o(s) \tag{21-7}$$

즉,

$$\frac{V_o(s)}{V_2(s)} = 1 + \frac{R_4}{R_3} = A \tag{21-8}$$

관계식을 얻게 된다. 식 (21-8)을 식 (21-5)과 식 (21-6)에 각각 대입해 단순화하면 식 (21-9)와 식 (21-10)을 얻게 된다.

$$s\,C_1\big(V_s(s) - V_1(s)\big) = s\,C_2\bigg(V_1(s) - \frac{V_o(s)}{A}\bigg) + \frac{V_1(s) - V_o(s)}{R_1} \tag{21-9}$$

$$\frac{V_o(s)}{A R_2} = s\,C_2\bigg(V_1(s) - \frac{V_o(s)}{A}\bigg) \tag{21-10}$$

식 (21-9)와 식 (21-10)을 정리하면

$$s\,C_1 V_s(s) = \bigg(s\,C_1 + s\,C_2 + \frac{1}{R_1}\bigg)V_1(s) - \bigg(\frac{s\,C_2}{A} + \frac{1}{R_1}\bigg)V_o(s) \tag{21-11}$$

$$V_1(s) = \frac{\bigg(\dfrac{s\,C_2}{A} + \dfrac{1}{A R_2}\bigg)V_o(s)}{s\,C_2} = \bigg(\frac{1}{A} + \frac{1}{A s R_2 C_2}\bigg)V_o(s) \tag{21-12}$$

식 (21-12)를 식 (21-11)에 대입하면

$$s\,C_1 V_s(s) = \bigg(s\,C_1 + s\,C_2 + \frac{1}{R_1}\bigg)\bigg(\frac{1}{A} + \frac{1}{A s R_2 C_2}\bigg)V_o(s) - \bigg(\frac{s\,C_2}{A} + \frac{1}{R_1}\bigg)V_o(s) \tag{21-13}$$

따라서 전달함수 $\dfrac{V_o(s)}{V_s(s)}$ 를 구하면

$$\begin{aligned}\frac{V_o(s)}{V_s(s)} &= \frac{s\,C_1}{\bigg(s\,C_1 + s\,C_2 + \dfrac{1}{R_1}\bigg)\bigg(\dfrac{1}{A} + \dfrac{1}{A s R_2 C_2}\bigg) - \bigg(\dfrac{s\,C_2}{A} + \dfrac{1}{R_1}\bigg)} \\[2mm] &= \frac{A s^2}{s^2 + \bigg[\dfrac{1}{R_1}\bigg(\dfrac{1}{C_1} + \dfrac{1}{C_2}\bigg) + \dfrac{1 - A}{R_1 C_1}\bigg]s + \dfrac{1}{R_1 R_2 C_1 C_2}}\end{aligned} \tag{21-14}$$

$$\frac{V_o(s)}{V_s(s)} = \frac{A s^2}{s^2 + 2\xi\omega_o s + \omega_o^2} \tag{21-15}$$

$$\omega_o = \sqrt{\frac{1}{R_1 R_2 C_1 C_2}}\ , \quad \xi = \frac{\dfrac{1}{R_1}\left(\dfrac{1}{C_1} + \dfrac{1}{C_2}\right) + \dfrac{1-A}{R_1 C_1}}{2\sqrt{\dfrac{1}{R_1 R_2 C_1 C_2}}} \tag{21-16}$$

예제 2 2차 고역 통과 필터

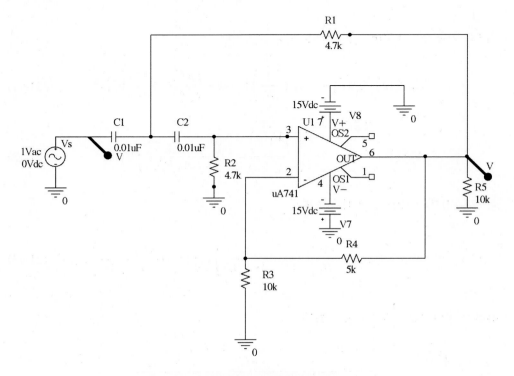

│ 그림 21-5 │ 2차 고역 통과 필터

$$\xi = \frac{\dfrac{1}{R}\left(\dfrac{2}{C}\right) + \dfrac{1-A}{RC}}{2\dfrac{1}{RC}} = \frac{3-A}{2} = \frac{3}{4} \quad A = 1 + \frac{5k}{10k} = \frac{3}{2}$$

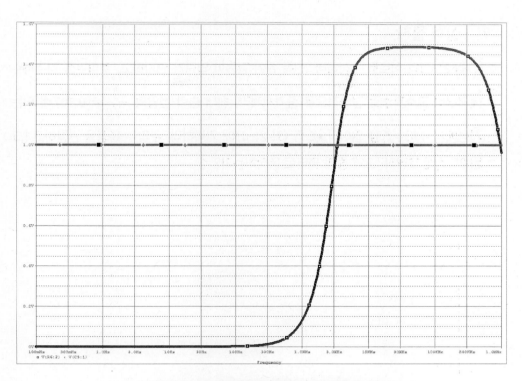

| 그림 21-6 | 2차 고역 통과 필터 시뮬레이션 결과

3 실험기기 및 부품

⑴ OP AMP : $\mu A741$ 1개

⑵ 저항 : 10k, 4.7k 각 2개, 5k 1개

⑶ 콘덴서 : $0.01\mu F$ 2개

⑷ 오실로스코프 1대

⑸ Function generator 1대

⑹ DC 전원 공급기

4 실험 절차

(1) [그림 21-2]의 회로를 구성하라. 진폭 1[V] 정현파 입력을 인가하고, 주파수를 저주파수에서부터 고주파수로 점차적으로 증가시켜라. 최대 출력 전압의 $\frac{1}{\sqrt{2}} = 0.707$배 되는 시점에서 주파수 f_c를 읽어라. f_c를 〈표 21-1〉에 기록하라. 주파수 특성을 관찰하고 [그림 21-7]에 그려라. 고역 통과 필터로 동작하는가?

| 그림 21-7 | 1차 고역 통과 필터의 주파수 특성

(2) [그림 21-5]의 회로를 구성하라. 진폭 1[V] 정현파 입력을 인가하고, 주파수를 저주파수에서부터 고주파수로 점차적으로 증가시켜라. 최대 출력 전압의 $\frac{1}{\sqrt{2}} = 0.707$배 되는 시점에서 주파수 f_c를 읽어라. f_c를 〈표 21-1〉에 기록하라. 주파수 특성을 관찰하고 [그림 21-8]에 그려라.

│그림 21-8│ 2차 고역 통과 필터의 주파수 특성 $\left(\xi = \dfrac{3}{4} \right)$

│표 21-1│ 차단 주파수 f_c 비교

case	차단 주파수 f_c(계산치)	차단 주파수 f_c(측정치)
(1)		
(2)		
(3)		

실험 22 : 대역 통과 필터

1 실험 목적

① 대역 통과 필터 동작을 이해한다.
② 차단 주파수 및 주파수 특성을 구한다.

2 기본 이론

2.1 직렬 접속된(Cascaded) 저역 통과 필터 및 고역 통과 필터

대역 통과 필터를 구성하는 1차적인 방법으로는 [그림 22-1]에 나타난 바와 같이 고역 통과 필터와 저역 통과 필터를 직렬로 연결하는 것이다. 이때 각 필터의 차단 주파수는 응답커브가 효과적으로 중첩(overlap)되도록 선택해야 한다. 고역 통과 필터의 차단 주파수는 저역 통과 필터의 차단 주파수보다 낮아야 한다. [그림 22-1] 회로의 필터들은 각각 2극(double-pole) 필터들이다. 따라서 저역 통과 필터의 차단 주파수는

$$f_{c2} = \frac{1}{2\pi \sqrt{R_1' R_2' C_1' C_2'}} \tag{22-1}$$

이고, 고역 통과 필터의 차단 주파수는

$$f_{c1} = \frac{1}{2\pi \sqrt{R_1 R_2 C_1 C_2}} \tag{22-2}$$

가 된다. 대역 통과 필터의 대역폭은 $f_{c2} - f_{c1}$가 된다.

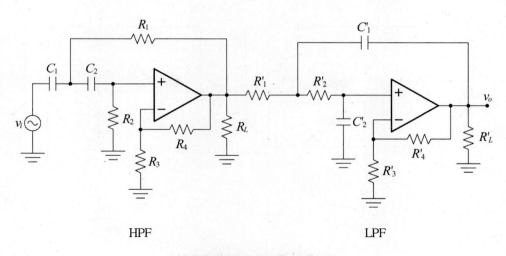

HPF   LPF

| 그림 22-1 | 대역 통과 필터

예제 1   대역 통과 필터

$R_1 = R_2 = 10k$, $C_1 = C_2 = 0.01\mu F$ 이므로 HPF 차단 주파수는

$$f_{c1} = \frac{1}{2\pi\sqrt{R_1 R_2 C_1 C_2}} = \frac{1}{2\pi R_2 C_1} = \frac{1}{2\pi(10k)(0.01\mu)} \simeq 1.592 kHz$$

$R_1{'} = R_2{'} = 4.7k$, $C_1{'} = C_2{'} = 0.01\mu F$ 이므로 LPF 차단 주파수는

$$f_{c2} = \frac{1}{2\pi\sqrt{R_1{'} R_2{'} C_1{'} C_2{'}}} = \frac{1}{2\pi R_1{'} C_1{'}} = \frac{1}{2\pi(4.7k)(0.01\mu)} \simeq 3.39 kHz$$

공진 주파수는 각 차단 주파수의 기하 평균이 된다.

$$f_o = \sqrt{f_{c1} f_{c2}} \simeq 2.323\, kHz$$

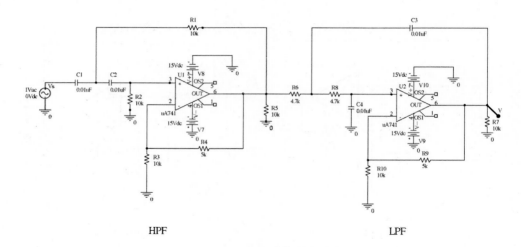

HPF   LPF

| 그림 22-2 | 대역 통과 필터

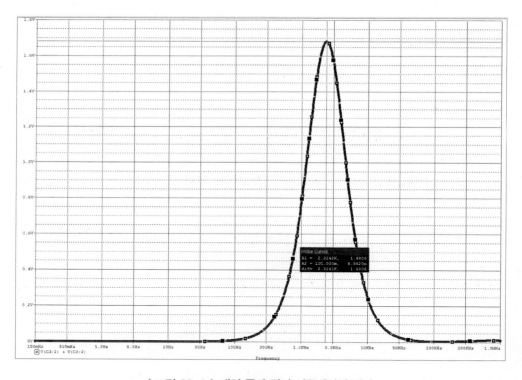

| 그림 22-3 | 대역 통과 필터 시뮬레이션 결과

2.2 다중궤환 대역 통과 필터(Multiple-feedback band Pass Filter)

다른 형태의 대역 통과 필터는 [그림 22-4]에 나타난 바와 같은 다중궤환 대역 통과 필터이다. 궤환 통로는 C_1과 R_2이다.

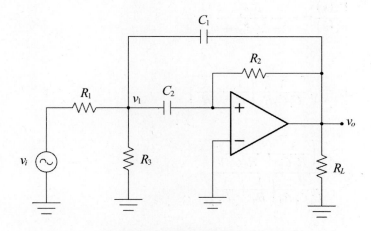

| 그림 22-4 | 다중궤환 대역 통과 필터

[그림 22-4]의 절점 1에서 각각 라플라스 변환 연산식에 대한 KCL 방정식을 세우면 식 (22-3)과 같다.

$$\frac{V_s(s) - V_1(s)}{R_1} = \frac{V_1(s)}{R_3} + s\,C_1\big(V_1(s) - V_o(s)\big) + s\,C_2 V_1(s) \tag{22-3}$$

한편 $V_o(s),\, V_1(s)$는 반전 증폭 관계가 성립한다.

$$V_o(s) = -\,s\,C_2 R_2 V_1(s) \tag{22-4}$$

식 (22-4)를 식 (22-3)에 대입해 단순화하면 식 (22-5)를 얻는다.

$$\frac{V_s(s)}{R_1} = \left(\frac{1}{R_1} + \frac{1}{R_3} + s\,C_1 + s\,C_2\right)\left(-\frac{V_o(s)}{s\,C_2 R_2}\right) - s\,C_1 V_o(s) \tag{22-5}$$

식 (22-5)로부터 전달함수를 구하면

$$\frac{V_o(s)}{V_s(s)} = \frac{-\dfrac{s}{C_1 R_1}}{s^2 + \left(\dfrac{1}{R_2 C_2} + \dfrac{1}{R_2 C_1}\right)s + \dfrac{1}{C_1 C_2 R_2}\left(\dfrac{1}{R_3} + \dfrac{1}{R_1}\right)} \tag{22-6}$$

$$\frac{V_o(s)}{V_s(s)} = \frac{K\omega_o^2}{s^2 + 2\xi\omega_o s + \omega_o^2} \tag{22-7}$$

$$\omega_o = \sqrt{\frac{1}{C_1 C_2 R_2}\left(\frac{1}{R_3} + \frac{1}{R_1}\right)} \tag{22-8}$$

$$\xi = \frac{\left(\dfrac{1}{R_2 C_2} + \dfrac{1}{R_2 C_1}\right)}{\dfrac{2}{C_1 C_2 R_2}\left(\dfrac{1}{R_3} + \dfrac{1}{R_1}\right)} \tag{22-9}$$

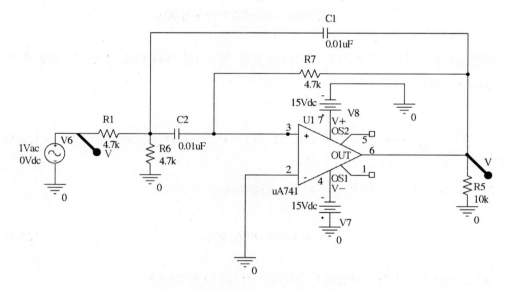

| 그림 22-5 | 2차 대역 통과 필터

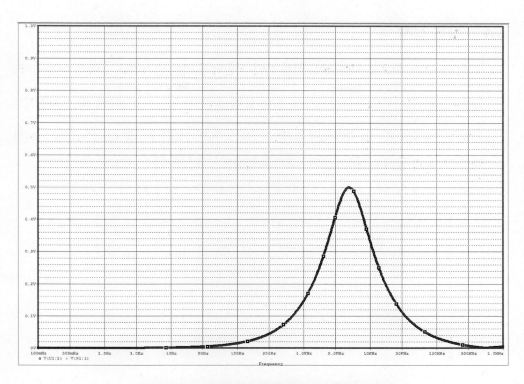

| 그림 22-6 | 2차 대역 통과 필터 시뮬레이션 결과

3 실험기기 및 부품

(1) OP AMP : $\mu A741$ 2개

(2) 저항 : 10k 7개, 4.7k 3개

(3) 콘덴서 : $0.01 \mu F$ 2개

(4) 오실로스코프 1대

(5) 직류 전원 공급기 1대

4 실험 절차

(1) [그림 22-2]의 회로를 구성하라. 진폭 1[V] 정현파 입력을 인가하고, 저주파수에서부터 고주파수로 점차적으로 증가시켜라. 최대 출력 전압의 $\dfrac{1}{\sqrt{2}} = 0.707$배 되는 시점에서 저역차단 주파수 f_{c1} 및 고역차단 주파수 f_{c2}를 읽어라. f_{c1}과 f_{c2} 를 〈표 22-1〉에 기록하라. 대역 통과 필터로 동작하는가? 주파수 특성을 [그림 22-7]에 그려라.

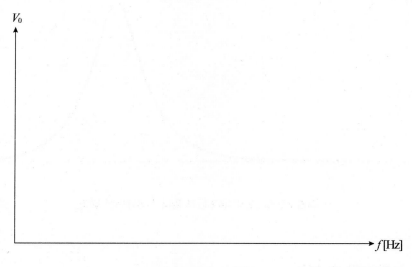

| 그림 22-7 | 주파수 특성

⑵ [그림 22-5]의 회로를 구성하라. ⑴의 과정을 반복하라. 주파수 특성을 [그림 22-8]에 그려라.

| 그림 22-8 | 주파수 특성

| 표 22-1 | 차단 주파수

case	저역차단 주파수 f_{c1}	고역차단 주파수 f_{c2}
⑴		
⑵		

실험 23 : wien bridge 발진기

1 실험 목적

① wien bridge 발진 동작을 이해한다.

② 발진 조건을 구한다.

③ 발진 주파수를 비교·관찰한다.

2 기본 이론

2.1 발진기 동작

2.1.1 부궤환

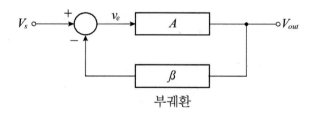

부궤환

$$V_{out} = A(V_s - \beta V_{out})$$

$$V_e = V_s - \beta V_{out}$$

$$V_{out} = \frac{A}{1 + A\beta} V_s$$

$$A_f = \frac{V_{out}}{V_s} = \frac{A}{1 + A\beta} , A_f < A$$

2.1.2 정궤환

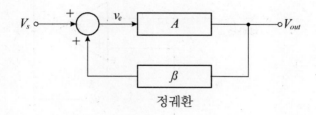

정궤환

$$V_{out} = A\,(V_s + \beta\,V_{out})$$

$$V_e = V_s - \beta\,V_{out}$$

$$V_{out} = \frac{A}{1 - A\beta}\,V_s$$

$$A_f = \frac{V_{out}}{V_s} = \frac{A}{1 - A\beta}\,,\; A_f > A$$

2.1.3 발진

정궤환에서 신호공급이 없고 $A\beta = 1$이 되는 경우 발진이 일어난다.

2.2 wien bridge 발진기 동작

wien bridge 발진기는 OP AMP 및 RC소자를 사용해 1MHz 이하의 저주파수의 정현파 발진을 목적으로 한다.

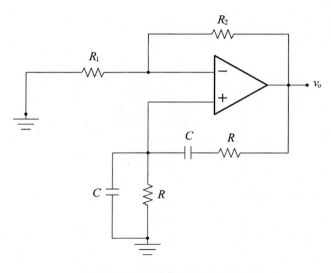

| 그림 23-1 | wien bridge 발진기

개방 루프 전압이득(open loop voltage gain) A는 비반전 증폭기(non-inverting amplifier)로 동작하므로

$$A = \frac{v_o}{v_+} = 1 + \frac{R_2}{R_1}$$

가 된다. 한편, 출력 단자로부터 입력 단자로의 궤환량

$$\beta = \frac{v_+}{v_o}$$

은 전압 분배법칙에 의해

$$\beta = \frac{v_+}{v_o} = \frac{Z_P}{Z_P + Z_S}$$

가 된다. Z_P 및 Z_S는 다음과 같다.

$$Z_P = \frac{R}{1 + sRC} \;,\; Z_S = \frac{1 + sRC}{sC}$$

한편, 폐루프 이득(closed loop gain) $A\beta$는

$$T(s) = A\beta = \left(1 + \frac{R_2}{R_1}\right)\left(\frac{Z_P}{Z_P + Z_S}\right) = \left(1 + \frac{R_2}{R_1}\right)\left(\frac{1}{3 + sRC + \dfrac{1}{sRC}}\right)$$

발진조건

$$A = \frac{v_o}{v_+} = 1 + \frac{R_2}{R_1} \;\Rightarrow\; v_o = Av_+$$

$$\beta = \frac{v_+}{v_o} = \frac{Z_P}{Z_P + Z_S} \;\Rightarrow\; v_+ = \beta v_o$$

$$v_o = Av_+ = A\beta v_o$$

으로부터

$$T(s) = A\beta = 1$$

이 되어야 한다. 그러므로 $s = \sigma + j\omega$에 대해 주파수 측면만을 고려하면

$$T(s) = T(j\omega) = 1$$

를 만족하면 되므로

$$T(j\omega) = \left(1 + \frac{R_2}{R_1}\right)\left(\frac{1}{3 + j\omega RC + \dfrac{1}{j\omega RC}}\right) = 1$$

좌우변의 실수부 및 허수부를 같도록 하는 조건은 각각 다음과 같다.

- 허수부 : $j\left(\omega RC - \dfrac{1}{\omega RC}\right) = 0$, $\omega = \dfrac{1}{RC}$, $f = \dfrac{1}{2\pi RC}$

- 실수부 : $\dfrac{R_2}{R_1} = 2$, 즉 $R_2 = 2R_1$

안정한 정현파 발진을 위해 실제 설계 시에는 $\dfrac{R_2}{R_1} > 2$ 정도 되도록 할 필요가 있다. 이것은 정궤환(positive feedback)을 이루기 위한 초기조건에 해당된다.

다음 회로의 발진 파형을 관찰하고 발진 주파수를 구하라.

$$f = \frac{1}{2\pi RC} = \frac{1}{2\pi \times 10^3 \times 0.1 \times 10^{-6}} = \frac{10^4}{2\pi} = 1.592 kHz$$

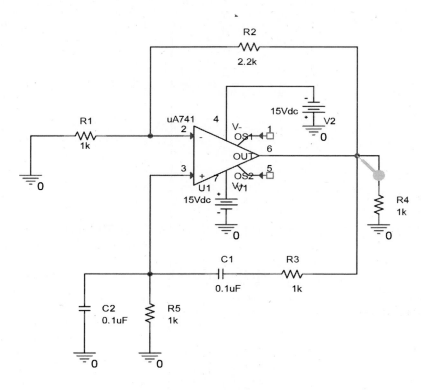

| 그림 23-2 | 윈 브릿지 발진기 예제

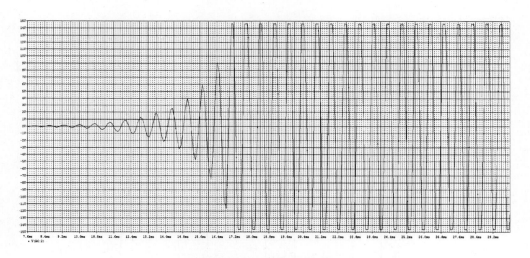

| 그림 23-3 | 시뮬레이션 결과

3 실험기기 및 부품

(1) OP AMP : $\mu A\,741$ 또는 LM324 1개

(2) 고정저항 : $1k\Omega$ 4개, $2.2k\Omega$ 1개

(3) 가변저항 : $10k\Omega$ 1개

(4) 콘덴서 : $0.1\mu F$, $0.01\mu F$ 각 1개

(5) DC POWER SUPPLY 1대

(6) 오실로스코프

(7) 함수 발생기

4 실험 절차

(1) [그림 23-2]의 회로를 구성하라. 오실로스코프를 사용해 출력 단자 전압의 파형을 관찰하고 [그림 23-4]에 그려라. 발진 주파수를 구하고 〈표 23-1〉에 기록하라.

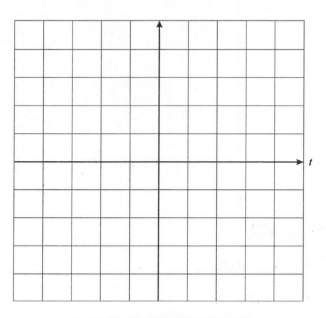

| 그림 23-4 | 출력 단자 전압의 파형

| 표 23-1 | 발진 주파수

case	발진 주파수 f_o(계산치)	발진 주파수 f_o(측정치)
(1)		
(2)		

⑵ $C = 0.01 \mu F$일 때 오실로스코프를 사용해 출력 단자 전압의 파형을 관찰하고 [그림 23-5]에 그려라. 발진 주파수를 구하고 〈표 23-1〉에 기록하라.

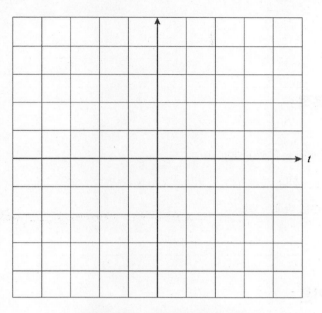

| 그림 23-5 | 출력 단자 전압의 파형

⑶ R_2 를 가변저항 $10k\Omega$ 으로 대체하고 출력파형을 관찰하라. 발진이 되는 R_2 의 최소값은 대략 얼마인가?

1 실험 목적

① 위상 천이 발진 동작을 이해한다.

② 발진조건을 구한다.

③ 발진 주파수를 비교 · 관찰한다.

2 기본 이론

2.1 위상 천이 발진기

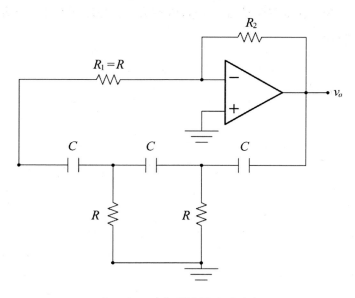

| 그림 24-1 | 위상 천이 발진기

위상 천이 발진기는 윈 브릿지 발진기와 같이 OP AMP 및 RC 회로로 구성되는 발진기로서 RC 회로의 위상 천이에 의해 1MHz 이하의 저주파수의 정현파 발진을 일으킨다.

개방 루프 이득 A는 반전 증폭기로 동작하므로

$$A = \frac{v_o}{v_-} = -\frac{R_2}{R_1}$$

가 된다.

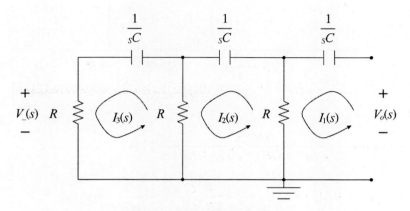

| 그림 24-2 | 위상 천이 회로

출력으로부터 입력으로의 궤환량 $\beta = \dfrac{v_-}{v_o}$은 3개의 루프 방정식

$$\begin{cases} \dfrac{1}{sC}I_1(s) + R(I_1(s) - I_2(s)) = V_o(s) \\ R(I_2(s) - I_1(s)) + \dfrac{1}{sC}I_2(s) + R(I_2(s) - I_3(s)) = 0 \\ R(I_3(s) - I_2(s)) + \left(\dfrac{1}{sC} + R\right)I_3(s) = 0 \end{cases}$$

으로부터

$$I_3(s) = \cfrac{\begin{vmatrix} R + \dfrac{1}{sC} & -R & V_o(s) \\[2mm] -R & 2R + \dfrac{1}{sC} & 0 \\[2mm] 0 & -R & 0 \end{vmatrix}}{\begin{vmatrix} R + \dfrac{1}{sC} & -R & 0 \\[2mm] -R & 2R + \dfrac{1}{sC} & -R \\[2mm] 0 & -R & 2R + \dfrac{1}{sC} \end{vmatrix}}$$

$$= \cfrac{V_o(s)\begin{vmatrix} -R & 2R + \dfrac{1}{sC} \\[2mm] 0 & -R \end{vmatrix}}{\left(R + \dfrac{1}{sC}\right)\begin{vmatrix} 2R + \dfrac{1}{sC} & -R \\[2mm] -R & 2R + \dfrac{1}{sC} \end{vmatrix} + R\begin{vmatrix} -R & -R \\[2mm] 0 & 2R + \dfrac{1}{sC} \end{vmatrix}}$$

$$I_3(s) = \frac{R^2 C^3 s^3}{R^3 C^3 s^3 + 6R^2 C^2 s^2 + 5RCs + 1}\, V_o(s)$$

$$V_-(s) = RI_3(s) = \frac{R^3 C^3 s^3}{R^3 C^3 s^3 + 6R^2 C^2 s^2 + 5RCs + 1}\, V_o(s)$$

$$\beta = \frac{V_-(s)}{V_o(s)} = \frac{R^3 C^3 s^3}{R^3 C^3 s^3 + 6R^2 C^2 s^2 + 5RCs + 1}$$

루프 이득은

$$T(s) = A\beta = \left(-\frac{R_2}{R_1}\right)\left(\frac{R^3 C^3 s^3}{R^3 C^3 s^3 + 6R^2 C^2 s^2 + 5RCs + 1}\right)$$

발진조건 : $T(j\omega) = 1$

따라서

$$T(s)\big|_{s=j\omega} = A\beta = \left(-\frac{R_2}{R_1}\right)\left(\frac{R^3 C^3 s^3}{R^3 C^3 s^3 + 6R^2 C^2 s^2 + 5RCs + 1}\right)\Big|_{s=j\omega} = 1$$

$$T(s)\big|_{s=j\omega} = A\beta = \left(-\frac{R_2}{R_1}\right)\left(\frac{R^3 C^3 \omega^3}{R^3 C^3 \omega^3 - 5RC\omega - j6R^2 C^2 \omega^2 + j}\right) = 1$$

좌우변의 실수부 및 허수부를 같도록 하는 조건은 각각 다음과 같다.

- 허수부 : $1 - 6\omega^2 R^2 C^2 = 0$, $\Rightarrow \omega = \dfrac{1}{\sqrt{6}\, RC}$, $f = \dfrac{1}{2\pi \sqrt{6}\, RC}$

- 실수부 : $\begin{Bmatrix} 5\omega R_1 RC - \omega^3 R^3 C^3 (R_1 + R_2) = 0 \\ R_1 = R \end{Bmatrix} \Rightarrow \dfrac{R_2}{R_1} = 29$, 즉 $R_2 = 29 R_1$

예제 위상 천이 발진기

다음 회로의 발진 파형을 관찰하고 발진 주파수를 구하라.

$$f = \frac{1}{2\pi \sqrt{6}\, RC} = \frac{1}{2\pi \times \sqrt{6} \times 10^2 \times 0.1 \times 10^{-6}} = 6.5 kHz$$

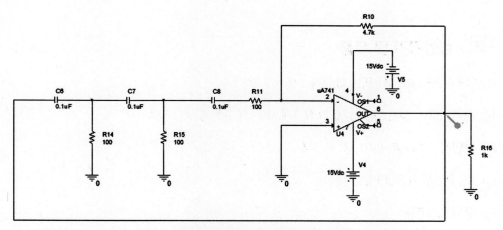

| 그림 24-3 | 위상 천이 발진기 예제

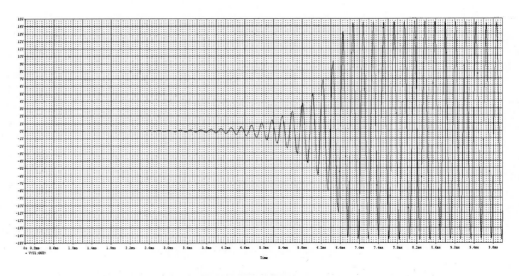

│ 그림 24-4 │ 시뮬레이션 결과

3 　실험기기 및 부품

(1) OP AMP : $\mu A741$ 또는 LM324 1개

(2) 저항 :100Ω 3개, 1$k\Omega$ 1개, 2$k\Omega$ 1개, 3.3$k\Omega$ 1개, 4.7$k\Omega$ 1개

(3) 콘덴서 : 0.1μF, 0.01μF 각 3개

(4) DC POWER SUPPLY 1대

(5) 오실로스코프

(6) 함수 발생기

4 실험 절차

(1) [그림 24-3]의 회로를 구성하라. 오실로스코프를 사용해 출력 단자 전압의 파형을 관찰하고 [그림 24-5]에 그려라. 발진 주파수를 구하고 〈표 24-1〉에 기록하라.

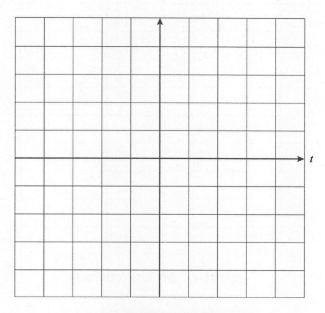

|그림 24-5| 출력 단자 전압의 파형

|표 24-1| 발진 주파수

case	발진 주파수 f_o(계산치)	발진 주파수 f_o(측정치)
(1)		
(2)		

(2) $C = 0.01\mu F$일 때 오실로스코프를 사용해 출력 단자 전압의 파형을 관찰하고 [그림 24-6]에 그려라. 발진 주파수를 구하고 〈표 24-1〉에 기록하라.

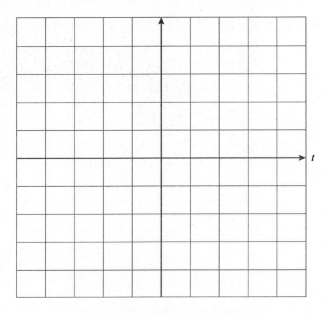

| 그림 24-6 | 출력 단자 전압의 파형

(3) R_2 값이 $2k\Omega$, $3.3k\Omega$인 경우 출력파형을 관찰하라. 발진이 되는 R_2의 최소값은 대략 얼마인가?

APPENDIX

데이터 시트

- 1N4148
- 2N3904
- datasheet
- lm324
- μA741

■ **1N4148-188179**

FAIRCHILD
SEMICONDUCTOR®

April 2013

1N/FDLL 914A/B / 916/A/B / 4148 / 4448
Small Signal Diode

Cathode Band

SOD80

LL-34

THE PLACEMENT OF THE EXPANSION GAP
HAS NO RELATIONSHIP TO THE LOCATION
OF THE CATHODE TERMINAL

DO-35
Cathode is denoted with a black band

LL-34 COLOR BAND MARKING

DEVICE	1ST BAND
FDLL914	BLACK
FDLL914A	BLACK
FDLL914B	BLACK
FDLL4148	BLACK
FDLL4448	BLACK

-1st band denotes cathode terminal
and has wider width

Absolute Maximum Ratings[1]

Stresses exceeding the absolute maximum ratings may damage the device. The device may not function or be opera-ble above the recommended operating conditions and stressing the parts to these levels is not recommended. In addition, extended exposure to stresses above the recommended operating conditions may affect device reliability. The absolute maximum ratings are stress ratings only. Values are at T_A = 25°C unless otherwise noted.

Symbol	Parameter		Value	Units
V_{RRM}	Maximum Repetitive Reverse Voltage		100	V
I_O	Average Rectified Forward Current		200	mA
I_F	DC Forward Current		300	mA
I_f	Recurrent Peak Forward Current		400	mA
I_{FSM}	Non-repetitive Peak Forward Surge Current	Pulse Width = 1.0 s	1.0	A
		Pulse Width = 1.0 μs	4.0	A
T_{STG}	Storage Temperature Range		-65 to +200	°C
T_J	Operating Junction Temperature		175	°C

Note:
1. These ratings are limiting values above which the serviceability of the diode may be impaired.

Thermal Characteristics

Symbol	Parameter	Max. 1N/FDLL 914/A/B / 4148 / 4448	Units
P_D	Power Dissipation	500	mW
$R_{\theta JA}$	Thermal Resistance, Junction to Ambient	300	°C/W

Electrical Characteristics[2]

Values are at T_A = 25°C unless otherwise noted.

Symbol	Parameter		Test Conditions	Min.	Max.	Units
V_R	Breakdown Voltage		I_R= 100 µA	100		V
			I_R= 5.0 µA	75		V
V_F	Forward Voltage	1N914B/4448	I_F= 5.0 mA	0.62	0.72	V
		1N916B	I_F= 5.0 mA	0.63	0.73	V
		1N914 / 916 / 4148	I_F= 10 mA		1.0	V
		1N914A/916A	I_F= 20 mA		1.0	V
		1N916B	I_F= 20 mA		1.0	V
		1N914B / 4448	I_F= 100 mA		1.0	V
I_R	Reverse Leakage		V_R= 20 V		0.025	µA
			V_R= 20 V, T_A= 150°C		50	µA
			V_R= 75 V		5.0	µA
C_T	Total Capacitance	1N916A/B/4448	V_R = 0, f = 1.0 MHz		2.0	pF
		1N914A/B/4148	V_R = 0, f = 1.0 MHz		4.0	pF
t_{rr}	Reverse Recovery Time		I_F = 10 mA, V_R = 6.0 V (600 mA) I_{rr} = 1.0 mA, R_L = 100 Ω		4.0	ns

Note:
2. Non-recurrent square wave P_W= 8.3 ms.

Typical Performance Characteristics

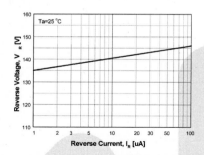

Figure 1. Reverse Voltage vs. Reverse Current
B_V - 1.0 to 100 μA

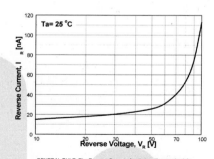

GENERAL RULE: The Reverse Current of a diode will approximately
double for every ten (10) Degree C increase in Temperature

Figure 2. Reverse Current vs. Reverse Voltage
I_R - 10 to 100 V

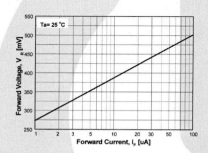

Figure 3. Forward Voltage vs. Forward Current
V_F - 1 to 100 μA

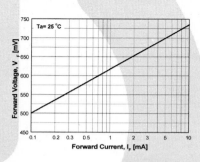

Figure 4. Forward Voltage vs. Forward Current
V_F - 0.1 to 10 mA

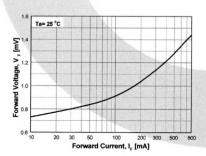

Figure 5. Forward Voltage vs. Forward Current
V_F - 10 to 800 mA

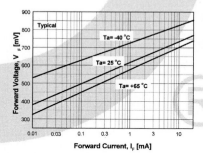

Figure 6. Forward Voltage vs. Ambient Temperature
V_F - 0.01 - 20 mA (- 40 to +65°C)

Typical Performance Characteristics (Continued)

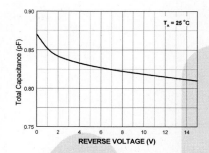

Figure 7. Total Capacitance

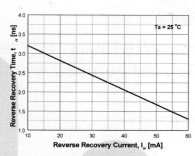

IF = 10mA , IRR = 1.0 mA , Rloop = 100 Ohms

Figure 8. Reverse Recovery Time vs
Reverse Recovery Current

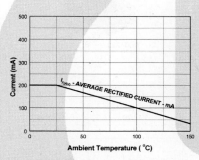

Figure 9. Average Rectified Current (I$_{F(AV)}$)
vs Ambient Temperature (T$_A$)

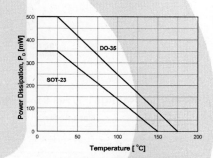

Figure 10. Power Derating Curve

1N/FDLL 914A/B / 916/A/B / 4148 / 4448 Rev. 1.1.1

4

■ **2N3904**

2N3904 / MMBT3904 / PZT3904
NPN General Purpose Amplifier

Features

- This device is designed as a general purpose amplifier and switch.
- The useful dynamic range extends to 100 mA as a switch and to 100 MHz as an amplifier.

2N3904 — TO-92 — E B C

MMBT3904 — SOT-23 Mark:1A — C / E / B

PZT3904 — SOT-223 — C / E / C / B

Absolute Maximum Ratings* T_a = 25°C unless otherwise noted

Symbol	Parameter	Value	Units
V_{CEO}	Collector-Emitter Voltage	40	V
V_{CBO}	Collector-Base Voltage	60	V
V_{EBO}	Emitter-Base Voltage	6.0	V
I_C	Collector Current - Continuous	200	mA
T_J, T_{stg}	Operating and Storage Junction Temperature Range	-55 to +150	°C

* These ratings are limiting values above which the serviceability of any semiconductor device may be impaired.
NOTES:
1) These ratings are based on a maximum junction temperature of 150 degrees C.
2) These are steady state limits. The factory should be consulted on applications involving pulsed or low duty cycle operations.

Thermal Characteristics T_a = 25°C unless otherwise noted

Symbol	Parameter	Max. 2N3904	Max. *MMBT3904	Max. **PZT3904	Units
P_D	Total Device Dissipation Derate above 25°C	625 5.0	350 2.8	1,000 8.0	mW mW/°C
$R_{\theta JC}$	Thermal Resistance, Junction to Case	83.3			°C/W
$R_{\theta JA}$	Thermal Resistance, Junction to Ambient	200	357	125	°C/W

* Device mounted on FR-4 PCB 1.6" X 1.6" X 0.06".
** Device mounted on FR-4 PCB 36 mm X 18 mm X 1.5 mm; mounting pad for the collector lead min. 6 cm².

Electrical Characteristics $T_a = 25°C$ unless otherwise noted

Symbol	Parameter	Test Condition	Min.	Max.	Units
OFF CHARACTERISTICS					
$V_{(BR)CEO}$	Collector-Emitter Breakdown Voltage	$I_C = 1.0mA, I_B = 0$	40		V
$V_{(BR)CBO}$	Collector-Base Breakdown Voltage	$I_C = 10\mu A, I_E = 0$	60		V
$V_{(BR)EBO}$	Emitter-Base Breakdown Voltage	$I_E = 10\mu A, I_C = 0$	6.0		V
I_{BL}	Base Cutoff Current	$V_{CE} = 30V, V_{EB} = 3V$		50	nA
I_{CEX}	Collector Cutoff Current	$V_{CE} = 30V, V_{EB} = 3V$		50	nA
ON CHARACTERISTICS*					
h_{FE}	DC Current Gain	$I_C = 0.1mA, V_{CE} = 1.0V$ $I_C = 1.0mA, V_{CE} = 1.0V$ $I_C = 10mA, V_{CE} = 1.0V$ $I_C = 50mA, V_{CE} = 1.0V$ $I_C = 100mA, V_{CE} = 1.0V$	40 70 100 60 30	300	
$V_{CE(sat)}$	Collector-Emitter Saturation Voltage	$I_C = 10mA, I_B = 1.0mA$ $I_C = 50mA, I_B = 5.0mA$		0.2 0.3	V V
$V_{BE(sat)}$	Base-Emitter Saturation Voltage	$I_C = 10mA, I_B = 1.0mA$ $I_C = 50mA, I_B = 5.0mA$	0.65	0.85 0.95	V V
SMALL SIGNAL CHARACTERISTICS					
f_T	Current Gain - Bandwidth Product	$I_C = 10mA, V_{CE} = 20V,$ $f = 100MHz$	300		MHz
C_{obo}	Output Capacitance	$V_{CB} = 5.0V, I_E = 0,$ $f = 1.0MHz$		4.0	pF
C_{ibo}	Input Capacitance	$V_{EB} = 0.5V, I_C = 0,$ $f = 1.0MHz$		8.0	pF
NF	Noise Figure	$I_C = 100\mu A, V_{CE} = 5.0V,$ $R_S = 1.0k\Omega,$ $f = 10Hz$ to $15.7kHz$		5.0	dB
SWITCHING CHARACTERISTICS					
t_d	Delay Time	$V_{CC} = 3.0V, V_{BE} = 0.5V$		35	ns
t_r	Rise Time	$I_C = 10mA, I_{B1} = 1.0mA$		35	ns
t_s	Storage Time	$V_{CC} = 3.0V, I_C = 10mA,$		200	ns
t_f	Fall Time	$I_{B1} = I_{B2} = 1.0mA$		50	ns

* Pulse Test: Pulse Width $\leq 300\mu s$, Duty Cycle $\leq 2.0\%$

Ordering Information

Part Number	Marking	Package	Packing Method	Pack Qty
2N3904BU	2N3904	TO-92	BULK	10000
2N3904TA	2N3904	TO-92	AMMO	2000
2N3904TAR	2N3904	TO-92	AMMO	2000
2N3904TF	2N3904	TO-92	TAPE REEL	2000
2N3904TFR	2N3904	TO-92	TAPE REEL	2000
MMBT3904	1A	SOT-23	TAPE REEL	3000
MMBT3904_D87Z	1A	SOT-23	TAPE REEL	10000
PZT3904	3904	SOT-223	TAPE REEL	2500

Typical Performance Characteristics

Typical Pulsed Current Gain vs Collector Current

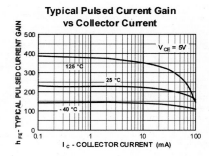

Collector-Emitter Saturation Voltage vs Collector Current

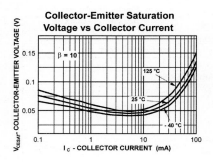

Base-Emitter Saturation Voltage vs Collector Current

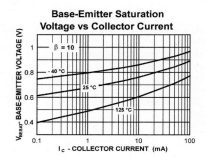

Base-Emitter ON Voltage vs Collector Current

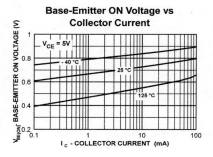

Collector-Cutoff Current vs Ambient Temperature

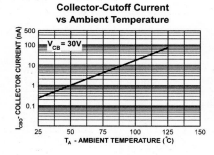

Capacitance vs Reverse Bias Voltage

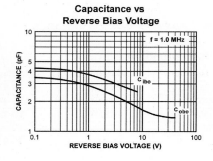

Typical Performance Characteristics (continued)

Noise Figure vs Frequency

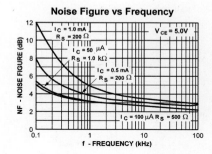

Noise Figure vs Source Resistance

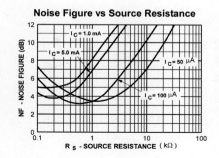

Current Gain and Phase Angle vs Frequency

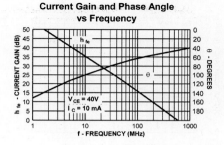

Power Dissipation vs Ambient Temperature

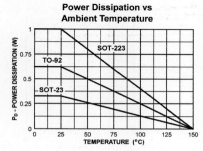

Turn-On Time vs Collector Current

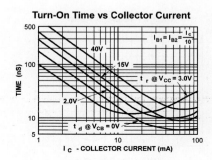

Rise Time vs Collector Current

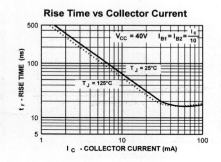

www.fairchildsemi.com

Typical Performance Characteristics (continued)

Storage Time vs Collector Current

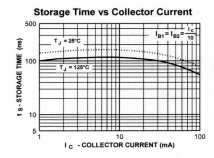

Fall Time vs Collector Current

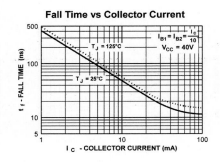

Current Gain

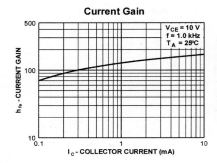

Output Admittance

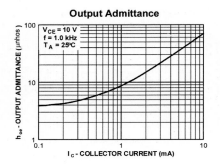

Input Impedance

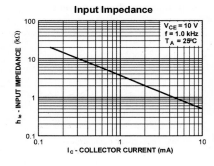

Voltage Feedback Ratio

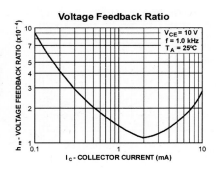

Test Circuits

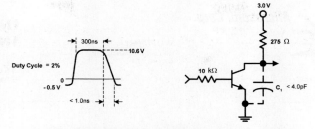

FIGURE 1: Delay and Rise Time Equivalent Test Circuit

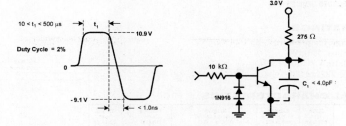

FIGURE 2: Storage and Fall Time Equivalent Test Circuit

■ datasheet

Microsemi Corp.
θ The diode experts

SCOTTSDALE, AZ
For more information call:
(602) 941-6300

**1N759A, -1
and
1N4370 thru
1N4372A, -1
DO-35**
1% and 2% VERSIONS
"C" and "D" AVAILABLE

**SILICON
500 mW
ZENER DIODES**

FEATURES

- ZENER VOLTAGE 2.4V to 12.0V
- AVAILABLE IN JAN, JANTX AND JANTXV-1 QUALIFICATIONS TO MIL-S-19500/127. DIE ALSO AVAILABLE AS JANHC FOR HYBRIDS.
- METALLURGICALLY BONDED DEVICE TYPES

MAXIMUM RATINGS

Junction and Storage Temperatures: – 65°C to + 175°C
DC Power Dissipation: 500 mW
Power Derating: 4.0 mW/°C above 50 °C
Forward Voltage @ 200 mA: 1.5 Volts

*ELECTRICAL CHARACTERISTICS @ 25°C

JEDEC TYPE NO. (NOTE 1)	NOMINAL ZENER VOLTAGE V_z @ I_{zt} (NOTE 2)	ZENER TEST CURRENT I_{zt}	MAXIMUM ZENER IMPEDANCE Z_{zt} @ I_{zt} (NOTE 3)	MAXIMUM REVERSE CURRENT @ V_x = 1 VOLT @ 25°C	@ + 150°C	MAXIMUM ZENER CURRENT I_{zm} (NOTE 4)	TYPICAL TEMP COEFF. OF ZENER VOLTAGE (C_V)
	VOLTS	mA	OHMS	μA	μA	mA	% / °C
1N4370	2.4	20	30	100	200	150	— .085
1N4371	2.7	20	30	75	150	135	— .080
1N4372	3.0	20	29	50	100	120	— .075
1N746	3.3	20	28	10	30	110	— .066
1N747	3.6	20	24	10	30	100	— .058
1N748	3.9	20	23	10	30	95	— .046
1N749	4.3	20	22	2	30	85	— .033
1N750	4.7	20	19	2	30	75	— .015
1N751	5.1	20	17	1	20	70	± .010
1N752	5.6	20	11	1	20	65	+ .030
1N753	6.2	20	7	.1	20	60	+ .049
1N754	6.8	20	5	.1	20	55	+ .053
1N755	7.5	20	6	.1	20	50	+ .057
1N756	8.2	20	8	.1	20	45	+ .060
1N757	9.1	20	10	.1	20	40	+ .061
1N758	10.0	20	17	.1	20	35	+ .062
1N759	12.0	20	30	.1	20	30	+ .062

*JEDEC Registered Data

NOTE 1 Standard tolerance on JEDEC types shown is ± 10%. Suffix letter A denotes ± 5% tolerance; suffix letter C denotes ± 2%; and suffix letter D denotes ± 1% tolerance.

NOTE 2 Voltage measurements to be performed 20 sec. after application of D.C. test current.

NOTE 3 Zener impedance derived by superimposing on I_{ZT}, a 60 cps, rms ac current equal to 10% I_{ZT} (2 mA ac).

NOTE 4 Allowance has been made for the increase in V_z due to Z_Z and for the increase in junction temperature as the unit approaches thermal equilibrium at the power dissipation of 400 mW.

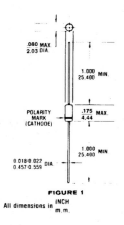

.080 MAX
2.03 DIA.

1.000 MIN.
25.400

POLARITY MARK (CATHODE)
.175 MAX.
4.44

1.000 MIN
25.400

0.018·0.022 DIA.
0.457·0.559

FIGURE 1
All dimensions in INCH / m.m.

MECHANICAL CHARACTERISTICS

CASE: Hermetically sealed glass case. DO-35.

FINISH: All external surfaces are corrosion resistant and leads solderable.

THERMAL RESISTANCE: 200°C/ W (Typical) junction to lead at 0.375-inches from body. Metallurgically bonded DO-35's exhibit less than 100 °C/W at zero distance from body.

POLARITY: Diode to be operated with the banded end positive with respect to the opposite end.

WEIGHT: 0.2 grams.

MOUNTING POSITIONS: Any.

5-9

244

1N746 thru 1N759A, -1 DO-35
1N4370 thru 1N4372A, -1

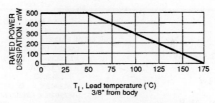

FIGURE 2 POWER DERATING CURVE

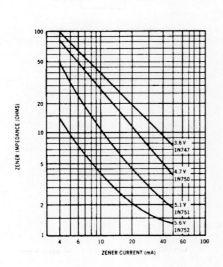

FIGURE 3
ZENER IMPEDANCE VS ZENER CURRENT
(TYPICAL)

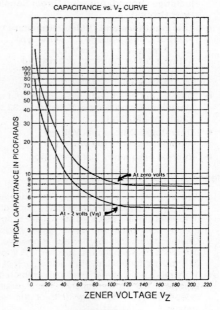

FIGURE 4
CAPACITANCE VS. ZENER VOLTAGE
(TYPICAL)

5-10

■ lm324

LM124, LM124A, LM224, LM224A, LM324, LM324A, LM2902, LM2902V, LM224K, LM224KA, LM324K, LM324KA, LM2902K, LM2902KV, LM2902KAV
QUADRUPLE OPERATIONAL AMPLIFIERS

SLOS066T – SEPTEMBER 1975 – REVISED MARCH 2010

- **2-kV ESD Protection for:**
  - LM224K, LM224KA
  - LM324K, LM324KA
  - LM2902K, LM2902KV, LM2902KAV
- **Wide Supply Ranges**
  - Single Supply . . . 3 V to 32 V (26 V for LM2902)
  - Dual Supplies . . . ±1.5 V to ±16 V (±13 V for LM2902)
- **Low Supply-Current Drain Independent of Supply Voltage . . . 0.8 mA Typ**
- **Common-Mode Input Voltage Range Includes Ground, Allowing Direct Sensing Near Ground**
- **Low Input Bias and Offset Parameters**
  - Input Offset Voltage . . . 3 mV Typ
    A Versions . . . 2 mV Typ
  - Input Offset Current . . . 2 nA Typ
  - Input Bias Current . . . 20 nA Typ
    A Versions . . . 15 nA Typ
- **Differential Input Voltage Range Equal to Maximum-Rated Supply Voltage . . . 32 V (26 V for LM2902)**
- **Open-Loop Differential Voltage Amplification . . . 100 V/mV Typ**
- **Internal Frequency Compensation**

LM124 . . . D, J, OR W PACKAGE
LM124A . . . J OR W PACKAGE
LM224, LM224A, LM224K, LM224KA . . . D OR N PACKAGE
LM324, LM324K . . . D, N, NS, OR PW PACKAGE
LM324A . . . D, DB, N, NS, OR PW PACKAGE
LM324KA . . . D, N, NS, OR PW PACKAGE
LM2902 . . . D, N, NS, OR PW PACKAGE
LM2902K . . . D, DB, N, NS, OR PW PACKAGE
LM2902KV, LM2902KAV . . . D OR PW PACKAGE
(TOP VIEW)

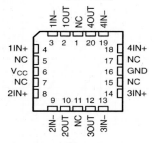

LM124, LM124A . . . FK PACKAGE
(TOP VIEW)

NC – No internal connection

description/ordering information

These devices consist of four independent high-gain frequency-compensated operational amplifiers that are designed specifically to operate from a single supply over a wide range of voltages. Operation from split supplies also is possible if the difference between the two supplies is 3 V to 32 V (3 V to 26 V for the LM2902), and V_{CC} is at least 1.5 V more positive than the input common-mode voltage. The low supply-current drain is independent of the magnitude of the supply voltage.

Applications include transducer amplifiers, dc amplification blocks, and all the conventional operational-amplifier circuits that now can be more easily implemented in single-supply-voltage systems. For example, the LM124 can be operated directly from the standard 5-V supply that is used in digital systems and provides the required interface electronics, without requiring additional ±15-V supplies.

TEXAS INSTRUMENTS
POST OFFICE BOX 655303 ● DALLAS, TEXAS 75265

1

LM124, LM124A, LM224, LM224A, LM324, LM324A, LM2902, LM2902V, LM224K, LM224KA, LM324K, LM324KA, LM2902K, LM2902KV, LM2902KAV
QUADRUPLE OPERATIONAL AMPLIFIERS

SLOS066T – SEPTEMBER 1975 – REVISED MARCH 2010

ORDERING INFORMATION[†]

T_A	V_{IO}max AT 25°C	MAX TESTED V_{CC}	PACKAGE[‡]		ORDERABLE PART NUMBER	TOP-SIDE MARKING
0°C to 70°C	7 mV	30 V	PDIP (N)	Tube of 25	LM324N	LM324N
					LM324KN	LM324KN
			SOIC (D)	Tube of 50	LM324D	LM324
				Reel of 2500	LM324DR	
				Reel of 2500	LM324DRG3	
				Tube of 50	LM324KD	LM324K
				Reel of 2500	LM324KDR	
			SOP (NS)	Reel of 2000	LM324NSR	LM324
				Tube of 50	LM324KNS	LM324K
				Reel of 2000	LM324KNSR	
			TSSOP (PW)	Tube of 90	LM324PW	L324
				Reel of 2000	LM324PWR	
				Tube of 90	LM324KPW	L324K
				Reel of 2000	LM324KPWR	
	3 mV	30 V	PDIP (N)	Tube of 25	LM324AN	LM324AN
				Tube of 25	LM324KAN	LM324KAN
			SOIC (D)	Tube of 50	LM324AD	LM324A
				Reel of 2500	LM324ADR	
				Tube of 50	LM324KAD	LM324KA
				Reel of 2500	LM324KADR	
			SOP (NS)	Reel of 2000	LM324ANSR	LM324A
				Tube of 50	LM324KANS	LM324KA
				Reel of 2000	LM324KANSR	
			SSOP (DB)	Reel of 2000	LM324ADBR	LM324A
			TSSOP (PW)	Tube of 90	LM324APW	L324A
				Reel of 2000	LM324APWR	
				Tube of 90	LM324KAPW	L324KA
				Reel of 2000	LM324KAPWR	
−25°C to 85°C	5 mV	30 V	PDIP (N)	Tube of 25	LM224N	LM224N
					LM224KN	LM224KN
			SOIC (D)	Tube of 50	LM224D	LM224
				Reel of 2500	LM224DR	
				Tube of 50	LM224KD	LM224K
				Reel of 2500	LM224KDR	
	3 mV	30 V	PDIP (N)	Tube of 25	LM224AN	LM224AN
				Tube of 25	LM224KAN	LM224KAN
			SOIC (D)	Tube of 50	LM224AD	LM224A
				Reel of 2500	LM224ADR	
				Tube of 50	LM224KAD	LM224KA
				Reel of 2500	LM224KADR	

[†] For the most current package and ordering information, see the Package Option Addendum at the end of this document, or see the TI web site at www.ti.com.

[‡] Package drawings, thermal data, and symbolization are available at www.ti.com/packaging.

TEXAS INSTRUMENTS

POST OFFICE BOX 655303 ● DALLAS, TEXAS 75265

LM124, LM124A, LM224, LM224A, LM324, LM324A, LM2902, LM2902V,
LM224K, LM224KA, LM324K, LM324KA, LM2902K, LM2902KV, LM2902KAV
QUADRUPLE OPERATIONAL AMPLIFIERS

SLOS066T – SEPTEMBER 1975 – REVISED MARCH 2010

ORDERING INFORMATION (CONTINUED)

T_A	$V_{IO}max$ AT 25°C	MAX TESTED V_{CC}	PACKAGE†		ORDERABLE PART NUMBER	TOP-SIDE MARKING
−40°C to 125°C	7 mV	26 V	PDIP (N)	Tube of 25	LM2902N	LM2902N
				Tube of 25	LM2902KN	LM2902KN
			SOIC (D)	Tube of 50	LM2902D	LM2902
				Reel of 2500	LM2902DR	
				Tube of 50	LM2902KD	LM2902K
				Reel of 2500	LM2902KDR	
			SOP (NS)	Reel of 2000	LM2902NSR	LM2902
				Tube of 50	LM2902KNS	LM2902K
				Reel of 2000	LM2902KNSR	
			SSOP (DB)	Tube of 80	LM2902KDB	L2902K
				Reel of 2000	LM2902KDBR	
			TSSOP (PW)	Tube of 90	LM2902PW	L2902
				Reel of 2000	LM2902PWR	
				Tube of 90	LM2902KPW	L2902K
				Reel of 2000	LM2902KPWR	
		32 V	SOIC (D)	Reel of 2500	LM2902KVQDR	L2902KV
			TSSOP (PW)	Reel of 2000	LM2902KVQPWR	L2902KV
	2 mV	32 V	SOIC (D)	Reel of 2500	LM2902KAVQDR	L2902KA
			TSSOP (PW)	Reel of 2000	LM2902KAVQPWR	L2902KA
−55°C to 125°C	5 mV	30 V	CDIP (J)	Tube of 25	LM124J	LM124J
			CFP (W)	Tube of 25	LM124W	LM124W
			LCCC (FK)	Tube of 55	LM124FK	LM124FK
			SOIC (D)	Tube of 50	LM124D	LM124
				Reel of 2500	LM124DR	
	2 mV	30 V	CDIP (J)	Tube of 25	LM124AJ	LM124AJ
			CFP (W)	Tube of 25	LM124AW	LM124AW
			LCCC (FK)	Tube of 55	LM124AFK	LM124AFK

† Package drawings, standard packing quantities, thermal data, symbolization, and PCB design guidelines are available at www.ti.com/sc/package.

symbol (each amplifier)

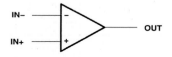

LM124, LM124A, LM224, LM224A, LM324, LM324A, LM2902, LM2902V, LM224K, LM224KA, LM324K, LM324KA, LM2902K, LM2902KV, LM2902KAV
QUADRUPLE OPERATIONAL AMPLIFIERS

SLOS066T – SEPTEMBER 1975 – REVISED MARCH 2010

schematic (each amplifier)

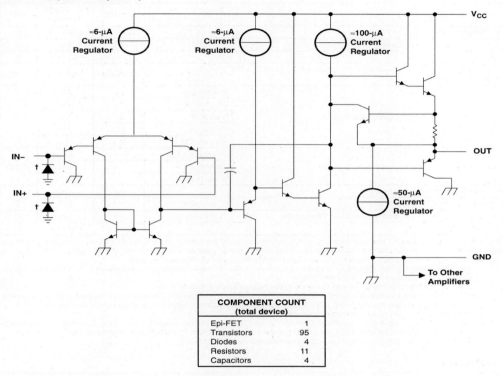

COMPONENT COUNT (total device)	
Epi-FET	1
Transistors	95
Diodes	4
Resistors	11
Capacitors	4

† ESD protection cells - available on LM324K and LM324KA only

POST OFFICE BOX 655303 ● DALLAS, TEXAS 75265

4

absolute maximum ratings over operating free-air temperature range (unless otherwise noted)†

		LM2902	ALL OTHER DEVICES	UNIT
Supply voltage, V_{CC} (see Note 1)		±13 or 26	±16 or 32	V
Differential input voltage, V_{ID} (see Note 2)		±26	±32	V
Input voltage, V_I (either input)		–0.3 to 26	–0.3 to 32	V
Duration of output short circuit (one amplifier) to ground at (or below) T_A = 25°C, V_{CC} ≤ 15 V (see Note 3)		Unlimited	Unlimited	
Package thermal impedance, θ_{JA} (see Notes 4 and 5)	D package	86	86	°C/W
	DB package	96	96	
	N package	80	80	
	NS package	76	76	
	PW package	113	113	
Package thermal impedance, θ_{JC} (see Notes 6 and 7)	FK package		5.61	°C/W
	J package		15.05	
	W package		14.65	
Operating virtual junction temperature, T_J		150	150	°C
Case temperature for 60 seconds	FK package		260	°C
Lead temperature 1,6 mm (1/16 inch) from case for 60 seconds	J or W package	300	300	°C
Storage temperature range, T_{stg}		–65 to 150	–65 to 150	°C

† Stresses beyond those listed under "absolute maximum ratings" may cause permanent damage to the device. These are stress ratings only, and functional operation of the device at these or any other conditions beyond those indicated under "recommended operating conditions" is not implied. Exposure to absolute-maximum-rated conditions for extended periods may affect device reliability.

NOTES: 1. All voltage values (except differential voltages and V_{CC} specified for the measurement of I_{OS}) are with respect to the network GND.
2. Differential voltages are at IN+, with respect to IN–.
3. Short circuits from outputs to V_{CC} can cause excessive heating and eventual destruction.
4. Maximum power dissipation is a function of T_J(max), θ_{JA}, and T_A. The maximum allowable power dissipation at any allowable ambient temperature is $P_D = (T_J(max) – T_A)/\theta_{JA}$. Operating at the absolute maximum T_J of 150°C can affect reliability.
5. The package thermal impedance is calculated in accordance with JESD 51-7.
6. Maximum power dissipation is a function of T_J(max), θ_{JC}, and T_C. The maximum allowable power dissipation at any allowable case temperature is $P_D = (T_J(max) – T_C)/\theta_{JC}$. Operating at the absolute maximum T_J of 150°C can affect reliability.
7. The package thermal impedance is calculated in accordance with MIL-STD-883.

ESD protection

	TEST CONDITIONS	TYP	UNIT
Human-Body Model	LM224K, LM224KA, LM324K, LM324KA, LM2902K, LM2902KV, LM2902KAV	±2	kV

TEXAS
INSTRUMENTS
POST OFFICE BOX 655303 ● DALLAS, TEXAS 75265

5

LM124, LM124A, LM224, LM224A, LM324, LM324A, LM2902, LM2902V, LM224K, LM224KA, LM324K, LM324KA, LM2902K, LM2902KV, LM2902KAV
QUADRUPLE OPERATIONAL AMPLIFIERS

SLOS066T – SEPTEMBER 1975 – REVISED MARCH 2010

electrical characteristics at specified free-air temperature, V_{CC} = 5 V (unless otherwise noted)

PARAMETER		TEST CONDITIONS†		T_A‡	LM124 LM224 MIN	TYP§	MAX	LM324 LM324K MIN	TYP§	MAX	UNIT
V_{IO}	Input offset voltage	V_{CC} = 5 V to MAX, V_{IC} = V_{ICR}min, V_O = 1.4 V		25°C		3	5		3	7	mV
				Full range			7			9	
I_{IO}	Input offset current	V_O = 1.4 V		25°C		2	30		2	50	nA
				Full range			100			150	
I_{IB}	Input bias current	V_O = 1.4 V		25°C		−20	−150		−20	−250	nA
				Full range			−300			−500	
V_{ICR}	Common-mode input voltage range	V_{CC} = 5 V to MAX		25°C	0 to V_{CC} − 1.5			0 to V_{CC} − 1.5			V
				Full range	0 to V_{CC} − 2			0 to V_{CC} − 2			
V_{OH}	High-level output voltage	R_L = 2 kΩ		25°C	V_{CC} − 1.5			V_{CC} − 1.5			V
		R_L = 10 kΩ		25°C							
		V_{CC} = MAX	R_L = 2 kΩ	Full range	26			26			
			$R_L ≥ 10$ kΩ	Full range	27	28		27	28		
V_{OL}	Low-level output voltage	$R_L ≤ 10$ kΩ		Full range		5	20		5	20	mV
A_{VD}	Large-signal differential voltage amplification	V_{CC} = 15 V, V_O = 1 V to 11 V, $R_L ≥ 2$ kΩ		25°C	50	100		25	100		V/mV
				Full range	25			15			
CMRR	Common-mode rejection ratio	V_{IC} = V_{ICR}min		25°C	70	80		65	80		dB
k_{SVR}	Supply-voltage rejection ratio ($\Delta V_{CC}/\Delta V_{IO}$)			25°C	65	100		65	100		dB
V_{O1}/V_{O2}	Crosstalk attenuation	f = 1 kHz to 20 kHz		25°C		120			120		dB
I_O	Output current	V_{CC} = 15 V, V_{ID} = 1 V, V_O = 0	Source	25°C	−20	−30	−60	−20	−30	−60	mA
				Full range	−10			−10			
		V_{CC} = 15 V, V_{ID} = −1 V, V_O = 15 V	Sink	25°C	10	20		10	20		
				Full range	5			5			
		V_{ID} = −1 V, V_O = 200 mV		25°C	12	30		12	30		μA
I_{OS}	Short-circuit output current	V_{CC} at 5 V, GND at −5 V	V_O = 0,	25°C		±40	±60		±40	±60	mA
I_{CC}	Supply current (four amplifiers)	V_O = 2.5 V, No load		Full range		0.7	1.2		0.7	1.2	mA
		V_{CC} = MAX, V_O = 0.5 V_{CC}, No load		Full range		1.4	3		1.4	3	

† All characteristics are measured under open-loop conditions, with zero common-mode input voltage, unless otherwise specified. MAX V_{CC} for testing purposes is 26 V for LM2902 and 30 V for the others.
‡ Full range is −55°C to 125°C for LM124, −25°C to 85°C for LM224, and 0°C to 70°C for LM324.
§ All typical values are at T_A = 25°C.

TEXAS
INSTRUMENTS

POST OFFICE BOX 655303 ● DALLAS, TEXAS 75265

6

LM124, LM124A, LM224, LM224A, LM324, LM324A, LM2902, LM2902V, LM224K, LM224KA, LM324K, LM324KA, LM2902K, LM2902KV, LM2902KAV
QUADRUPLE OPERATIONAL AMPLIFIERS

SLOS066T – SEPTEMBER 1975 – REVISED MARCH 2010

electrical characteristics at specified free-air temperature, V_{CC} = 5 V (unless otherwise noted)

PARAMETER		TEST CONDITIONS†		T_A‡	LM2902 MIN	TYP§	MAX	LM2902V MIN	TYP§	MAX	UNIT
V_{IO}	Input offset voltage	V_{CC} = 5 V to MAX, V_{IC} = V_{ICR}min, V_O = 1.4 V	Non-A-suffix devices	25°C		3	7		3	7	mV
				Full range			10			10	
			A-suffix devices	25°C					1	2	
				Full range						4	
$\Delta V_{IO}/\Delta T$	Input offset voltage temperature drift	R_S = 0 Ω		Full range					7		μV/°C
I_{IO}	Input offset current	V_O = 1.4 V		25°C		2	50		2	50	nA
				Full range			300			150	
$\Delta I_{IO}/\Delta T$	Input offset current temperature drift			Full range					10		pA/°C
I_{IB}	Input bias current	V_O = 1.4 V		25°C		−20	−250		−20	−250	nA
				Full range			−500			−500	
V_{ICR}	Common-mode input voltage range	V_{CC} = 5 V to MAX		25°C	0 to V_{CC} − 1.5			0 to V_{CC} − 1.5			V
				Full range	0 to V_{CC} − 2			0 to V_{CC} − 2			
V_{OH}	High-level output voltage	R_L = 2 kΩ		25°C							V
		R_L = 10 kΩ		25°C	V_{CC} − 1.5			V_{CC} − 1.5			
		V_{CC} = MAX	R_L = 2 kΩ	Full range	22			26			
			R_L ≥ 10 kΩ	Full range	23	24		27			
V_{OL}	Low-level output voltage	R_L ≤ 10 kΩ		Full range		5	20		5	20	mV
A_{VD}	Large-signal differential voltage amplification	V_{CC} = 15 V, V_O = 1 V to 11 V, R_L ≥ 2 kΩ		25°C	25	100		25	100		V/mV
				Full range	15			15			
CMRR	Common-mode rejection ratio	V_{IC} = V_{ICR}min		25°C	50	80		60	80		dB
k_{SVR}	Supply-voltage rejection ratio ($\Delta V_{CC}/\Delta V_{IO}$)			25°C	50	100		60	100		dB
V_{O1}/V_{O2}	Crosstalk attenuation	f = 1 kHz to 20 kHz		25°C		120			120		dB
I_O	Output current	V_{CC} = 15 V, V_{ID} = 1 V, V_O = 0	Source	25°C	−20	−30	−60	−20	−30	−60	mA
				Full range	−10			−10			
		V_{CC} = 15 V, V_{ID} = −1 V, V_O = 15 V	Sink	25°C	10	20		10	20		
				Full range	5			5			
		V_{ID} = −1 V, V_O = 200 mV		25°C		30		12	40		μA
I_{OS}	Short-circuit output current	V_{CC} at 5 V, GND at −5 V, V_O = 0		25°C		±40	±60		±40	±60	mA
I_{CC}	Supply current (four amplifiers)	V_O = 2.5 V, No load		Full range		0.7	1.2		0.7	1.2	mA
		V_{CC} = MAX, V_O = 0.5 V_{CC}, No load		Full range		1.4	3		1.4	3	

† All characteristics are measured under open-loop conditions, with zero common-mode input voltage, unless otherwise specified. MAX V_{CC} for testing purposes is 26 V for LM2902 and 32 V for LM2902V.
‡ Full range is −40°C to 125°C for LM2902.
§ All typical values are at T_A = 25°C.

TEXAS INSTRUMENTS
POST OFFICE BOX 655303 ● DALLAS, TEXAS 75265

LM124, LM124A, LM224, LM224A, LM324, LM324A, LM2902, LM2902V, LM224K, LM224KA, LM324K, LM324KA, LM2902K, LM2902KV, LM2902KAV
QUADRUPLE OPERATIONAL AMPLIFIERS

SLOS066T – SEPTEMBER 1975 – MARCH 2010

electrical characteristics at specified free-air temperature, V_{CC} = 5 V (unless otherwise noted)

PARAMETER	TEST CONDITIONS†	T_A‡	LM124A MIN	LM124A TYP§	LM124A MAX	LM224A MIN	LM224A TYP§	LM224A MAX	LM324A, LM324KA MIN	LM324A, LM324KA TYP§	LM324A, LM324KA MAX	UNIT
V_{IO} Input offset voltage	V_{CC} = 5 V to 30 V, V_{IC} = V_{ICR}min, V_O = 1.4 V	25°C			2		2	3		2	3	mV
		Full range			4			4			5	
I_{IO} Input offset current	V_O = 1.4 V	25°C			10		2	15		2	30	nA
		Full range			30			30			75	
I_{IB} Input bias current	V_O = 1.4 V	25°C			-50		-15	-80		-15	-100	nA
		Full range			-100			-100			-200	
V_{ICR} Common-mode input voltage range	V_{CC} = 30 V	25°C	0 to V_{CC} - 1.5			0 to V_{CC} - 1.5			0 to V_{CC} - 1.5			V
		Full range	0 to V_{CC} - 2			0 to V_{CC} - 2			0 to V_{CC} - 2			
V_{OH} High-level output voltage	V_{CC} = 30 V, R_L = 2 kΩ	Full range	26			26			26			V
	R_L ≥ 10 kΩ	Full range	27			27			27			
V_{OL} Low-level output voltage	R_L ≤ 10 kΩ	Full range			20			20			20	mV
A_{VD} Large-signal differential voltage amplification	V_{CC} = 15 V, V_O = 1 V to 11 V, R_L ≥ 2 kΩ	25°C	50	100		50	100		25	100		V/mV
		Full range	25			25			15			
$CMRR$ Common-mode rejection ratio	V_{IC} = V_{ICR}min	25°C	70			70	80		65	80		dB
k_{SVR} Supply-voltage rejection ratio ($\Delta V_{CC}/\Delta V_{IO}$)		25°C	65			65	100		65	100		dB
V_{O1}/V_{O2} Crosstalk attenuation	f = 1 kHz to 20 kHz	25°C		120			120			120		dB
I_O Output current	V_{CC} = 15 V, V_{ID} = 1 V, V_O = 0 (Source)	25°C	-20			-20	-30	-60	-20	-30	-60	mA
		Full range	-10			-10			-10			
	V_{CC} = 15 V, V_{ID} = -1 V, V_O = 15 V (Sink)	25°C	10			10	20		10	20		
		Full range	5			5			5			
	V_{ID} = -1 V, V_O = 200 mV	25°C	12			12	30		12	30		μA
I_{OS} Short-circuit output current	V_{CC} at 5 V, V_O = 0	25°C		±40			±40	±60		±40	±60	mA
I_{CC} Supply current (four amplifiers)	V_O = 2.5 V, No load	Full range		0.7	1.2		0.7	1.2		0.7	1.2	mA
	V_O = 30 V, No load	Full range		1.4	3		1.4	3		1.4	3	

† All characteristics are measured under open-loop conditions, with zero common-mode input voltage, unless otherwise specified.
‡ Full range is –55°C to 125°C for LM124A, –25°C to 85°C for LM224A, and 0°C to 70°C for LM324A.
§ All typical values are at T_A = 25°C.

8

LM124, LM124A, LM224, LM224A, LM324, LM324A, LM2902, LM2902V,
LM224K, LM224KA, LM324K, LM324KA, LM2902K, LM2902KV, LM2902KAV
QUADRUPLE OPERATIONAL AMPLIFIERS

SLOS066T – SEPTEMBER 1975 – REVISED MARCH 2010

operating conditions, $V_{CC} = \pm15$ V, $T_A = 25°C$

	PARAMETER	TEST CONDITIONS	TYP	UNIT
SR	Slew rate at unity gain	$R_L = 1$ MΩ, $C_L = 30$ pF, $V_I = \pm10$ V (see Figure 1)	0.5	V/μs
B_1	Unity-gain bandwidth	$R_L = 1$ MΩ, $C_L = 20$ pF (see Figure 1)	1.2	MHz
V_n	Equivalent input noise voltage	$R_S = 100$ Ω, $V_I = 0$ V, f = 1 kHz (see Figure 2)	35	nV/√Hz

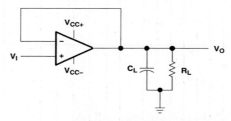

Figure 1. Unity-Gain Amplifier

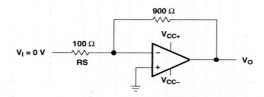

Figure 2. Noise-Test Circuit

TEXAS
INSTRUMENTS
POST OFFICE BOX 655303 ● DALLAS, TEXAS 75265

■ ua741

µA741, µA741Y
GENERAL-PURPOSE OPERATIONAL AMPLIFIERS

SLOS094B – NOVEMBER 1970 – REVISED SEPTEMBER 2000

- **Short-Circuit Protection**
- **Offset-Voltage Null Capability**
- **Large Common-Mode and Differential Voltage Ranges**
- **No Frequency Compensation Required**
- **Low Power Consumption**
- **No Latch-Up**
- **Designed to Be Interchangeable With Fairchild µA741**

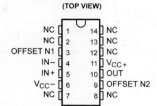

µA741M . . . J PACKAGE
(TOP VIEW)

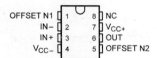

µA741M . . . JG PACKAGE
µA741C, µA741I . . . D, P, OR PW PACKAGE
(TOP VIEW)

description

The µA741 is a general-purpose operational amplifier featuring offset-voltage null capability.

The high common-mode input voltage range and the absence of latch-up make the amplifier ideal for voltage-follower applications. The device is short-circuit protected and the internal frequency compensation ensures stability without external components. A low value potentiometer may be connected between the offset null inputs to null out the offset voltage as shown in Figure 2.

The µA741C is characterized for operation from 0°C to 70°C. The µA741I is characterized for operation from −40°C to 85°C.The µA741M is characterized for operation over the full military temperature range of −55°C to 125°C.

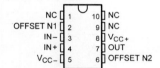

µA741M . . . U PACKAGE
(TOP VIEW)

symbol

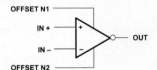

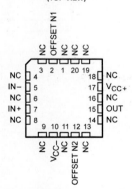

µA741M . . . FK PACKAGE
(TOP VIEW)

NC – No internal connection

TEXAS INSTRUMENTS

POST OFFICE BOX 655303 ● DALLAS, TEXAS 75265

1

µA741, µA741Y
GENERAL-PURPOSE OPERATIONAL AMPLIFIERS

SLOS094B – NOVEMBER 1970 – REVISED SEPTEMBER 2000

AVAILABLE OPTIONS

T_A	PACKAGED DEVICES							CHIP FORM (Y)
	SMALL OUTLINE (D)	CHIP CARRIER (FK)	CERAMIC DIP (J)	CERAMIC DIP (JG)	PLASTIC DIP (P)	TSSOP (PW)	FLAT PACK (U)	
0°C to 70°C	µA741CD				µA741CP	µA741CPW		µA741Y
−40°C to 85°C	µA741ID				µA741IP			
−55°C to 125°C		µA741MFK	µA741MJ	µA741MJG			µA741MU	

The D package is available taped and reeled. Add the suffix R (e.g., µA741CDR).

schematic

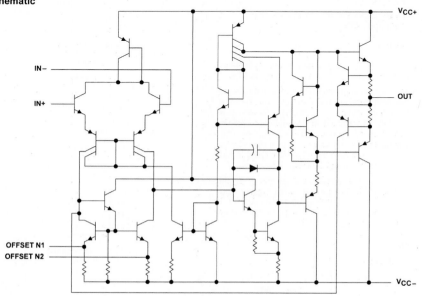

Component Count	
Transistors	22
Resistors	11
Diode	1
Capacitor	1

TEXAS INSTRUMENTS

POST OFFICE BOX 655303 ● DALLAS, TEXAS 75265

2

256

μA741Y chip information

This chip, when properly assembled, displays characteristics similar to the μA741C. Thermal compression or ultrasonic bonding may be used on the doped-aluminum bonding pads. Chips may be mounted with conductive epoxy or a gold-silicon preform.

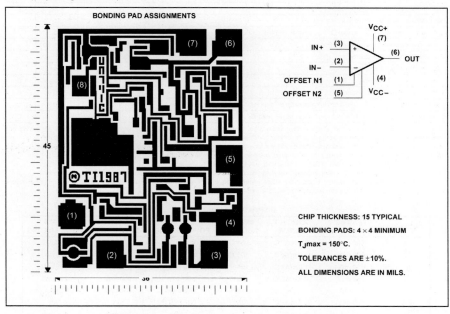

BONDING PAD ASSIGNMENTS

CHIP THICKNESS: 15 TYPICAL

BONDING PADS: 4 × 4 MINIMUM

$T_J$max = 150°C.

TOLERANCES ARE ±10%.

ALL DIMENSIONS ARE IN MILS.

SLOS094B – NOVEMBER 1970 – REVISED SEPTEMBER 2000

absolute maximum ratings over operating free-air temperature range (unless otherwise noted)†

		µA741C	µA741I	µA741M	UNIT
Supply voltage, V_{CC+} (see Note 1)		18	22	22	V
Supply voltage, V_{CC-} (see Note 1)		−18	−22	−22	V
Differential input voltage, V_{ID} (see Note 2)		±15	±30	±30	V
Input voltage, V_I any input (see Notes 1 and 3)		±15	±15	±15	V
Voltage between offset null (either OFFSET N1 or OFFSET N2) and V_{CC-}		±15	±0.5	±0.5	V
Duration of output short circuit (see Note 4)		unlimited	unlimited	unlimited	
Continuous total power dissipation		See Dissipation Rating Table			
Operating free-air temperature range, T_A		0 to 70	−40 to 85	−55 to 125	°C
Storage temperature range		−65 to 150	−65 to 150	−65 to 150	°C
Case temperature for 60 seconds	FK package			260	°C
Lead temperature 1,6 mm (1/16 inch) from case for 60 seconds	J, JG, or U package			300	°C
Lead temperature 1,6 mm (1/16 inch) from case for 10 seconds	D, P, or PW package	260	260		°C

† Stresses beyond those listed under "absolute maximum ratings" may cause permanent damage to the device. These are stress ratings only, and functional operation of the device at these or any other conditions beyond those indicated under "recommended operating conditions" is not implied. Exposure to absolute-maximum-rated conditions for extended periods may affect device reliability.

NOTES: 1. All voltage values, unless otherwise noted, are with respect to the midpoint between V_{CC+} and V_{CC-}.
2. Differential voltages are at IN+ with respect to IN−.
3. The magnitude of the input voltage must never exceed the magnitude of the supply voltage or 15 V, whichever is less.
4. The output may be shorted to ground or either power supply. For the µA741M only, the unlimited duration of the short circuit applies at (or below) 125°C case temperature or 75°C free-air temperature.

DISSIPATION RATING TABLE

PACKAGE	$T_A \leq 25°C$ POWER RATING	DERATING FACTOR	DERATE ABOVE T_A	$T_A = 70°C$ POWER RATING	$T_A = 85°C$ POWER RATING	$T_A = 125°C$ POWER RATING
D	500 mW	5.8 mW/°C	64°C	464 mW	377 mW	N/A
FK	500 mW	11.0 mW/°C	105°C	500 mW	500 mW	275 mW
J	500 mW	11.0 mW/°C	105°C	500 mW	500 mW	275 mW
JG	500 mW	8.4 mW/°C	90°C	500 mW	500 mW	210 mW
P	500 mW	N/A	N/A	500 mW	500 mW	N/A
PW	525 mW	4.2 mW/°C	25°C	336 mW	N/A	N/A
U	500 mW	5.4 mW/°C	57°C	432 mW	351 mW	135 mW

TEXAS
INSTRUMENTS
POST OFFICE BOX 655303 ● DALLAS, TEXAS 75265

4

electrical characteristics at specified free-air temperature, $V_{CC\pm} = \pm15$ V (unless otherwise noted)

PARAMETER		TEST CONDITIONS	T_A†	μA741C MIN	μA741C TYP	μA741C MAX	μA741I, μA741M MIN	μA741I, μA741M TYP	μA741I, μA741M MAX	UNIT
V_{IO}	Input offset voltage	$V_O = 0$	25°C		1	6		1	5	mV
			Full range			7.5			6	
$\Delta V_{IO(adj)}$	Offset voltage adjust range	$V_O = 0$	25°C		±15			±15		mV
I_{IO}	Input offset current	$V_O = 0$	25°C		20	200		20	200	nA
			Full range			300			500	
I_{IB}	Input bias current	$V_O = 0$	25°C		80	500		80	500	nA
			Full range			800			1500	
V_{ICR}	Common-mode input voltage range		25°C	±12	±13		±12	±13		V
			Full range	±12			±12			
V_{OM}	Maximum peak output voltage swing	$R_L = 10$ kΩ	25°C	±12	±14		±12	±14		V
		$R_L \geq 10$ kΩ	Full range	±12			±12			
		$R_L = 2$ kΩ	25°C	±10	±13		±10	±13		
		$R_L \geq 2$ kΩ	Full range	±10			±10			
A_{VD}	Large-signal differential voltage amplification	$R_L \geq 2$ kΩ	25°C	20	200		50	200		V/mV
		$V_O = \pm10$ V	Full range	15			25			
r_i	Input resistance		25°C	0.3	2		0.3	2		MΩ
r_o	Output resistance	$V_O = 0$, See Note 5	25°C		75			75		Ω
C_i	Input capacitance		25°C		1.4			1.4		pF
CMRR	Common-mode rejection ratio	$V_{IC} = V_{ICR}$min	25°C	70	90		70	90		dB
			Full range	70			70			
k_{SVS}	Supply voltage sensitivity ($\Delta V_{IO}/\Delta V_{CC}$)	$V_{CC} = \pm9$ V to ±15 V	25°C		30	150		30	150	μV/V
			Full range			150			150	
I_{OS}	Short-circuit output current		25°C		±25	±40		±25	±40	mA
I_{CC}	Supply current	$V_O = 0$, No load	25°C		1.7	2.8		1.7	2.8	mA
			Full range			3.3			3.3	
P_D	Total power dissipation	$V_O = 0$, No load	25°C		50	85		50	85	mW
			Full range			100			100	

† All characteristics are measured under open-loop conditions with zero common-mode input voltage unless otherwise specified. Full range for the μA741C is 0°C to 70°C, the μA741I is −40°C to 85°C, and the μA741M is −55°C to 125°C.
NOTE 5:   This typical value applies only at frequencies above a few hundred hertz because of the effects of drift and thermal feedback.

operating characteristics, $V_{CC\pm} = \pm15$ V, $T_A = 25°C$

PARAMETER		TEST CONDITIONS		μA741C MIN	μA741C TYP	μA741C MAX	μA741I, μA741M MIN	μA741I, μA741M TYP	μA741I, μA741M MAX	UNIT
t_r	Rise time	$V_I = 20$ mV,	$R_L = 2$ kΩ,		0.3			0.3		μs
	Overshoot factor	$C_L = 100$ pF,	See Figure 1		5%			5%		
SR	Slew rate at unity gain	$V_I = 10$ V, $C_L = 100$ pF,	$R_L = 2$ kΩ, See Figure 1		0.5			0.5		V/μs

TEXAS INSTRUMENTS
POST OFFICE BOX 655303 ● DALLAS, TEXAS 75265

5

electrical characteristics at specified free-air temperature, $V_{CC\pm} = \pm15$ V, $T_A = 25°C$ (unless otherwise noted)

PARAMETER		TEST CONDITIONS	μA741Y MIN	μA741Y TYP	μA741Y MAX	UNIT
V_{IO}	Input offset voltage	$V_O = 0$		1	6	mV
$\Delta V_{IO(adj)}$	Offset voltage adjust range	$V_O = 0$		±15		mV
I_{IO}	Input offset current	$V_O = 0$		20	200	nA
I_{IB}	Input bias current	$V_O = 0$		80	500	nA
V_{ICR}	Common-mode input voltage range		±12	±13		V
V_{OM}	Maximum peak output voltage swing	$R_L = 10$ kΩ	±12	±14		V
		$R_L = 2$ kΩ	±10	±13		
A_{VD}	Large-signal differential voltage amplification	$R_L \geq 2$ kΩ	20	200		V/mV
r_i	Input resistance		0.3	2		MΩ
r_o	Output resistance	$V_O = 0$, See Note 5		75		Ω
C_i	Input capacitance			1.4		pF
CMRR	Common-mode rejection ratio	$V_{IC} = V_{ICR}$min	70	90		dB
k_{SVS}	Supply voltage sensitivity ($\Delta V_{IO}/\Delta V_{CC}$)	$V_{CC} = \pm9$ V to ±15 V		30	150	μV/V
I_{OS}	Short-circuit output current			±25	±40	mA
I_{CC}	Supply current	$V_O = 0$, No load		1.7	2.8	mA
P_D	Total power dissipation	$V_O = 0$, No load		50	85	mW

† All characteristics are measured under open-loop conditions with zero common-mode voltage unless otherwise specified.
NOTE 5: This typical value applies only at frequencies above a few hundred hertz because of the effects of drift and thermal feedback.

operating characteristics, $V_{CC\pm} = \pm15$ V, $T_A = 25°C$

PARAMETER		TEST CONDITIONS	μA741Y MIN	μA741Y TYP	μA741Y MAX	UNIT
t_r	Rise time	$V_I = 20$ mV, $R_L = 2$ kΩ, $C_L = 100$ pF, See Figure 1		0.3		μs
	Overshoot factor			5%		
SR	Slew rate at unity gain	$V_I = 10$ V, $R_L = 2$ kΩ, $C_L = 100$ pF, See Figure 1		0.5		V/μs

6

PARAMETER MEASUREMENT INFORMATION

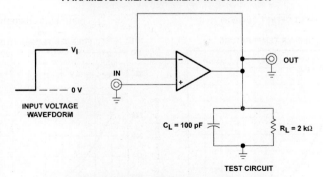

Figure 1. Rise Time, Overshoot, and Slew Rate

APPLICATION INFORMATION

Figure 2 shows a diagram for an input offset voltage null circuit.

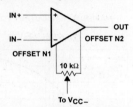

Figure 2. Input Offset Voltage Null Circuit

TYPICAL CHARACTERISTICS†

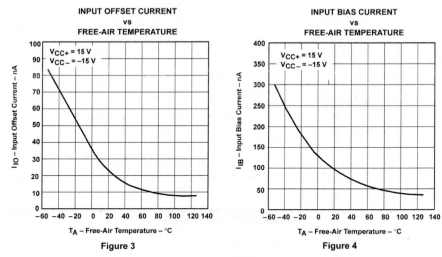

Figure 3

Figure 4

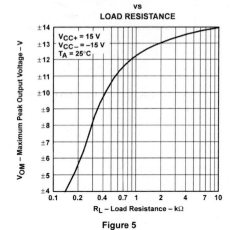

Figure 5

† Data at high and low temperatures are applicable only within the rated operating free-air temperature ranges of the various devices.

POST OFFICE BOX 655303 ● DALLAS, TEXAS 75265

8

262

SLOS094B – NOVEMBER 1970 – REVISED SEPTEMBER 2000

TYPICAL CHARACTERISTICS

MAXIMUM PEAK OUTPUT VOLTAGE
vs
FREQUENCY

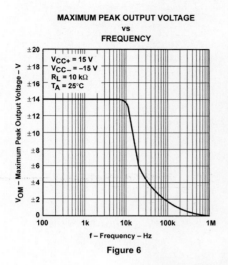

Figure 6

**OPEN-LOOP SIGNAL DIFFERENTIAL
VOLTAGE AMPLIFICATION**
vs
SUPPLY VOLTAGE

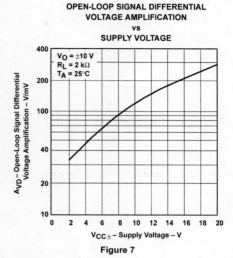

Figure 7

**OPEN-LOOP LARGE-SIGNAL DIFFERENTIAL
VOLTAGE AMPLIFICATION**
vs
FREQUENCY

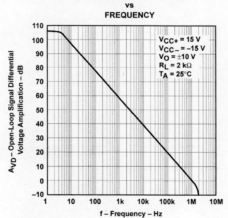

9

APPENDIX 데이터 시트   263